沈福煦 /著

建筑学概论

（增补版）

上海人民美術出版社

前 言

本书是建筑学和其他相近专业（如城市规划、园林、室内设计等）的建筑概论课的教材。这门课程是建筑学的入门课程，所以其内容着重在这一专业的系统性上。它看起来不深，但也不是科普性的，而是专业的；对于建筑设计、结构、施工、设备等方面，都是开导性的、专业性的，不是一般的科普性阅读。

本书前面有绪论，下面共分五章。第一章，建筑的意义；第二章，建筑的物质技术性；第三章，建筑的社会文化性；第四章，中国建筑的沿革；第五章，外国建筑的沿革。通过对《建筑学概论》的学习，学生们在进入建筑学专业学习时，对本专业会有一个比较概括的了解，以便深造。

本教材的内容在教学过程中已经沿用过多年，效果甚好，但由于时代在发展，所以需不断地更新、改进。本书在编写过程中有以下几位老师、专家共同参与：沈鸿明、邵睿、沈晓明、王爽、刘杰、黄松、锁景华、沈颢诚等，在此共记并致谢。

沈福煦

2010年9月

目 录

绪 论

（一）

近现代建筑理论认为，建筑就是空间。一座房屋，不是实心的，从大门进去，里面是一间间的房间，是空的。纪念碑，我们也认为它是建筑，但它是实心的；不过，纪念碑周围的空间是属于纪念碑的，北京天安门广场上的人民英雄纪念碑周围的空间属于纪念碑，它的空间是在碑的四周。近年来有的建筑学家指出，这种建筑的空间称为“负空间”。

其实建筑的空间性在我国春秋时期就已有人提出了。《老子》中说：“凿户牖以为室，当其无，有室之用。故，有之以为利，无之以为用。”“牖”（指门窗、墙壁、屋顶等实的东西），所给人们的“利”（利益、功利），是要以“无”（所形成的空间）来起作用的。

有人提出，建筑的目的是创造一种空间环境，提供人们从事各种活动的场所。生活起居、交谈休息、用餐、购物、上课、科研、开会、就诊、阅读、看戏、体育活动以及车间劳动等活动，都在建筑空间中进行。这也说明学习建筑学，需涉及许多知识。

建筑，首先要满足人的活动之需。无论是建筑的空间还是实体，都应当符合使用目的。建筑不但要满足单个人的需求，还要满足人群的需求。

建筑具有空间性已如上面所说，但建筑还具有时间性。建筑的时间性可以概括为下列几点：

一是建筑的存在有时间性。尽管有的建筑很“长寿”，似乎是永久性的，如古埃及的金字塔，至今已有4500余年了；古希腊的帕提农神庙，也已有2400年了。然而如今的这些建筑，在形象上毕竟已不同于当年。这些建筑的残破形象，表述着时间的流逝。如今世界上存在的各个建筑，不论年代长短，都应当被认为是有“寿命”的。古代建筑虽然还留存至今，但大多数已不用了，只是作为文物古迹而存在。伊斯坦布尔的圣索菲亚大教堂，当时（东罗马灭亡以前）是拜占庭帝国的东正教堂，后来奥斯曼帝国取代了东罗马，这里就成了伊斯兰教的清真寺了，如今又变成了纯文物建筑，不作其他用途。还有的建筑被烧毁、拆除，或毁于战争；也有的被改建或毁后重建。总之，不会是永久的。

二是建筑在使用上也有时间概念。如有的建筑，是多功能的，这种建筑就是利用时间分段，更充分地利用建筑。如有的会堂兼作食堂，因为人们不可能在吃饭的时候开会。又如游赏性建筑，也有时间的概念。如苏州的怡园，先从大门入，到达前厅，然后经过曲廊到玉照亭、四时潇洒亭，入腰门到留客处、石听琴室，再经曲廊到石舫、锁绿轩，经复廊到南雪亭、藕香榭、碧梧栖凤、面壁亭，然后沿廊至画舫斋、湛露堂，再沿假山到螺髻亭、小沧浪、金栗亭，再回到锁绿轩、石舫、留客处，原路出园。如此大约要两个小时。如果只用20分钟游完，只好走马观花，达不到游园的效果。园林建筑（空间）紧紧地与时间联系在一起。有的园林景点，须坐下来慢慢品味，才能达到游园的效果。

三是建筑的时间性也表现在建筑历史上。有的建筑寿命很长，如古希腊的庙宇，至今已达2000余年。当然有好多历史建筑，功能改变了，如现在的北京故宫，本来是明清两朝的皇宫，如今则成了博物院。西安在唐代是都城，即长安，当时规模很大，但后来衰落了。到了明朝，缩小成只有唐长安时的太极宫那么一点点大，并改名为西安。巴黎的卢浮宫（皇宫），如今也成了博物馆。这种例子不胜枚举。

四是建筑从建造到拆除，也有时间性。例如北京天安门广场，原来只是一条南北向的道路，从大清门到天安门，这里叫千步廊。后来这里变成了广场，并在东西两边建起了庄严雄伟的中国革命博物馆与中国历史博物馆（东）和人民大会堂（西），大清门等建筑都消失了。这就是说，建筑是有寿命的。有的寿命长，如古埃及金字塔，距今已数千年，古罗马的凯旋门等，距今已约2000年；但有的建筑寿命不长，十几年甚至一两年就被拆除了。建筑设计规范中有规定，建筑物的耐久年限分为四级：一级为100年以上，适用于重要的建筑和高层建筑；二级为50—100年，适用于一般性的建筑；三级为15—50年，适用于次要的建筑；四级为15年以下，适用于临时性建筑。

五是建筑美的变迁。建筑的美感也会随着时间的流逝而起变化。建筑物虽然未变，但人们对它的审美却会起变化。古希腊的帕提农神庙建成于公元前438年，它本来是雅典的守护神雅典娜的庙宇，后来它不再是庙宇性质，而是作为古迹留存至今。如今它已很破旧，好多浮雕损坏、脱落，室内的宝物，连同那座珍贵的雅典娜雕像，都已在战争中被洗劫一空。可是这座建筑还存在，它还是美的，是所谓的“残缺美”。不过，先前的美学动机与美学理念和现在也不同了。黑格尔曾说：“我们对圣母玛利亚，不再拜倒在她的脚下，今天我们对她抱有一种崇敬的美学概念。”帕提农神庙这座建筑的美也同样如此。

现代建筑的美也同样，巴黎的埃菲尔铁塔（建于1889年）刚建成时，好多人批评它甚至咒骂它，说它“糟蹋了巴黎”。但过了几年，人们觉得它很美了。如今，它已成了巴黎不可或缺的宝物。据说有一位巴黎市民向游客介绍说：“巴黎圣母院是巴黎的一位最有名的老奶奶，埃菲尔铁塔则是巴黎的一位最有风姿的少妇。”这就说明这座铁塔已在人们的心目中成了一个不可缺少的美的形象了。

有些人认为，建筑是艺术，有好多学生也本着建筑是艺术而投奔这个美妙的艺术殿堂——建筑学专业。可是，建筑的首要目的却不是艺术，建筑设计不只是塑造一个个艺术品，而首先是考虑使用性。住宅，首要的目的是供人们居住；学校的首要目的是提供教学的场所；图书馆主要用来借书和藏书；医院主要是为病人治病；纪念馆给人们参观、瞻仰……建筑不同于雕塑，雕塑作品基本上是给人观赏的。有的雕塑也供人们瞻仰、礼拜（如纪念性雕塑、神像等），但这也只能说是它的精神功能。有志于建筑学（专业）的学生，首先应当记住，建筑要以功能为重。建筑，提供人们有用的空间是首要的。19世纪末，美国芝加哥学派著名建筑师沙利文曾说：“形式追随功能。”尽管这句话说得有些绝对，但功能的重要性我们不能不注意。建筑师不能只顾造型美，不顾功能是否合理，设计出华而不实的建筑。我们进入建筑学专业，一开始就要强调这一点。

体现建筑的功能要做成功也是一件不易之事。我们要在学习中，在课程设计中，理论联系实际，要多参观，多学习别人的经验。文学家要深入生活，才能创作出生动的、有血有肉的优秀作品；建筑师也应当多参观、多看、多学，才能设计出令人喜闻乐见的好作品。从创作、设计的意义来说，建筑师与文学家具有同样的特点、同样的要求。

（二）

建筑为人所造，供人所用。建筑提供给人们的空间是由物质材料构成的。但也不能认为凡是由物质材料构成的空间都是建筑。例如，天然而成的山洞，我们不认为它是建筑。只有当它经过人工的某些加工，适合人们居住或其他活动的空间，才能称得上是建筑。如山西大同的云冈石窟、河南洛阳的龙门石窟等等，应当属于建筑。我们更不能说宇宙这个大空间是建筑。宇宙对人来说要比地球更漫无边际。我们所说的建筑，是指供人们各种具体的、特定的生活活动空间，是用物质的手段限定的空间，由这些实物和空间共同构成。

史前时代，人们已经有自己建造的住所，这些住所与动物的狼窝、鸟巢不同，前者是由人筑的，后者是由动物本能构成的。人类最早时期的建筑，大体可以分成两大类：一类是在地面上挖洞穴，另一类是在树上架设可以住人的棚架。《礼记・礼运》中说："昔者先王未有宫室，东则居营窟，夏则居橧巢。"这里说的"营窟"，就是穴居的形式。《孟子・滕文公下》中说："当尧之时，水逆行，泛滥于中国，蛇龙居之，民无所定。下者为巢，上者为营窟。"下者，指地势低下的地方，这些地方潮湿，人不能居住，所以筑巢而居；上者，指地势高耸的地方，人们就挖洞而居，随着社会生产力的提高，技术的进步，人们对自己的居住环境也渐渐进行改善，开始在地面上建造房子。这时的房屋，不但在建造技术上要比以前有所进步，而且其类型也渐渐多起来了。为适应当时人们对生活活动的需求，不但有居住建筑，而且还有宫殿、庙宇、店铺、作坊等等。如今的建筑，类型更多，设施也越来越完善。从类型上说，除了住宅，还有旅馆、饭店、剧院、电影院、商场、政府办公机构、图书馆、博物馆、体育馆、邮电、医院、学校、银行、工厂、车站、码头、飞机场等等。从建筑设施和空间构造来说也越来越复杂和先进。在结构上，不但有木结构，而且还有钢结构、钢筋混凝土结构等等。不但有一两层的建筑，还有五六层的多层建筑和几十层的高层建筑，甚至超过百层的高层建筑。如今已经有建造到高达160层的建筑，高达828米，即阿联酋的哈利法塔。当然，如今的建筑设施也越来越复杂，不但有供电、给水、排水和暖气通风设备，而且还有网络系统、监控系统等等。

建筑学有丰富的内容，刚接触建筑学，我们似乎会感觉其如一团乱麻，理不清头绪。因此，我们首先需把握建筑的基本性质，由此来理清这些繁复的内容。

（三）

建筑与其他艺术的一个不同之处是它具有高度的工程技术性，特别是现当代的建筑，它的工程技术含量更高。例如，现当代的高层建筑已逾百层，如何使它坚固不倒，须在结构技术上作保证；现当代的大空间建筑，如体育馆，里面可以容纳数万人。如今全球最大的体育馆，美国新奥尔良体育馆，进行篮球比赛时观众可达9万人！它的直径达207米，当然里面是不设柱子的。如此大的空间，必须有结构技术来保证。因此我们要学习工程力学：理论力学、材料力学、结构力学，还要学工程结构：木结构、砖石结构、钢筋混凝土结构、钢结构等，还要学建筑材料学。现当代建筑还有设备方面的内容，所以还要学给水、排水，要学供电（包括动力电、照明电以及电话等低压电），建筑供暖、通风等。我们还要学习建筑物理：建筑热工、建筑声学和建筑光学等。要学习屏蔽、超湿、超低温技术等（实验室及特殊车间等）。建筑设计完成，还只是建筑建造的第一步，接下来还有施工问题，所以我们还要学习建筑施工技术和施工组织。我们当然还需与施工人员合作，共同完成建筑（作品）。这许多技术问题我们都需了解，并且要能与结构工程师及水电暖诸工种的工程师配合，共同进行设计。所以有人形容建筑师，好像是一个大型乐队的指挥。要想演奏好一部交响曲，他必须懂得各种乐器的效果，并且又能组织、协调好整个乐队的演奏。

建筑师不但要重视工程技术问题，同时还应当注意建筑的经济问题。有人以为，建筑设计应同时兼顾实用、经济和美观。经济问题也是现当代建筑的重要问题。澳大利亚的悉尼歌剧院是个造型十分美的建筑，可是它的造价太昂贵。这座建筑建成后，它的决算造价竟是预算的十几倍！令人惊讶。

（四）

建筑不仅具有功能性、工程技术性和经济性，并且还具有文化性。所谓文化性，就是指它的民族性和地域性，它的历史性和时代性。不同的民族有不同的建筑形态。不同的民族特征（指建筑形式）往往通过宗教反映出来。欧洲早期的基督教，后来分裂成为西欧的天主教和东欧的东正教。这两种宗教的教堂形式很不相同。天主教建筑（教堂）的最主要特征在于高直式和尖塔；东正教建筑（教堂）的最主要特征在于穹窿顶（俗称洋葱顶）。天主教堂，如德国的科隆主教堂、英国的沙利斯堡大教堂等，都用修长的外形和高而尖的钟塔。东正教堂，如莫斯科的华西里·伯拉仁内大教堂、诺夫哥罗德的圣索菲亚大教堂、威尼斯的圣马可教堂等，都用圆穹顶。

建筑的地域性，是指当地建筑的民俗文化内容。最典型的是表现在我国的传统民居上。北京四合院、江南水乡民居、福建闽西地区的土楼、东北大院、重庆的吊脚楼、云南西双版纳的竹楼、西藏的碉房、内蒙古等地的蒙古包、新疆维吾尔族民居等等，各具特色。这就是建筑的地方性。它们之间所以不同，都是由于气候、地貌、建筑材料以及许多人文因素的不同所造成的。

随着历史的发展，建筑形式也在不断地演变着。在我国，古代建筑与现代建筑形式差别也很明显。古希腊、古罗马的建筑与中世纪的建筑有明显的区别。中世纪与文艺复兴的建筑形式也有明显的区别。当然，欧洲的古代建筑与现代建筑形式更不相同。现当代建筑的变化节奏更快。20世纪30年代的建筑与20世纪末的建筑，其形式的差异是很明显的。例如，美国的流水别墅或约翰逊制蜡公司，均是20世纪30年代的代表性作品，它们与20世纪末的“后现代主义建筑”（如美国新奥尔良的意大利广场或波特兰的市政服务大楼等）相比较，就能明显地看出两者之间的差异。这些差异就是时代的差异。这就是时代性。建筑的时代性对于当今时代来说，更显得重要。我们在设计中如果不注意，一不留神就会使建筑显得过时。

（五）

建筑不仅仅是个艺术品，但建筑无疑具有艺术性。19世纪德国哲学家谢林（1775-1854）曾说：“建筑是凝固的音乐。”后来有人反对这种说法，认为建筑不属于艺术，建筑具有强烈的功能性和技术性，还有经济性。可是建筑具有艺术性这种说法并没有错，问题在于建筑的艺术性只能说是建筑的属性之一，建筑还有其他属性，而且无论历史和时代如何变迁，这些属性是不会消失的。当代的许多优秀的建筑，它们的艺术造型之美仍然存在。

建筑具有艺术性，它与其他造型艺术具有共同的形式美法则，如变化与统一、均衡与稳定、比例与尺度、韵律与节奏、虚实与层次等。但也有建筑（艺术）所特有的形式美法则。例如尺度，建筑造型具有尺度概念。同样的形式，不同的大小，它们的造型效果就不同。我们如果把一幢建筑放大10倍，则不但影响使用（功能），而且也不会好看。如果把科隆大教堂（高达151米）这座建筑按比例缩小200倍，那么它就不是建筑，而是模型或工艺美术品了。雕塑与绘画也有尺度问题。它们的尺度概念表现在尺度的内部。如绘画中的人和树木、车辆和道路等等。雕塑的尺度，如古希腊的维纳斯雕像，其原作高2米余；如果将它缩小成高仅30厘米，置于案头，其效果也很好。又如一幅画，原作高2米，但将它缩小成高仅4厘米，做成邮票，其效果也不会差吧。

建筑造型看来似乎容易，但真正操作起来却很难。有一位建筑学专业的教授认为，建筑的技术问题虽然也不容易，但它在学习中比较容易把握；建筑的造型问题之难，就难在难以捉摸。如何学？他提出一个字：悟。所谓悟，在心理活动中属高层次的，即所谓有悟性。怎么学？实践！去做设计，去参观。所谓功夫在诗外，我们还要去接触其他的艺术，如绘画、雕塑、书法、音乐、诗歌、戏剧等等。只有这样，你才能在建筑造型上有所建树。

（六）

社会在不断地向前发展，建筑学的内容也在不断地更新，我们要跟上时代，与时俱进。就建筑而论，最近又有新的动向。在此，我们概括地说说当今建筑发展的大趋势。建筑的功能正在起变化，如旅馆、饭店，不再是单一地用来“过夜”，而是也要在这里举办展览会、展销会或进行其他各种社会活动。建筑的民族性和地方性也在起变化，一个地方的建筑，不再是单一的形式了，而是集全球各地的风格于一地。又如建筑思潮的变迁，现在的建筑风格，已不再像20世纪中叶那样分成各种流派，什么风格派、表现主义、典雅主义、新陈代谢派、高技派、后现代主义以及解构主义等等，而是风格更多样，形式更活泼，不再讲究某个建筑属于什么派别。只要建筑自身的形式协调就好，只要某个建筑与周围的建筑能协调就好。如2010年上海世博会，世界各国的建筑，可以说五花八门，这真称得上是“万国建筑博览会”了！我们从事建筑的，无论如何要跟上时代，在这个时代，一不留神就要落后，你的作品就会显得过时。

↗ 第一章

↗ 建筑的意义

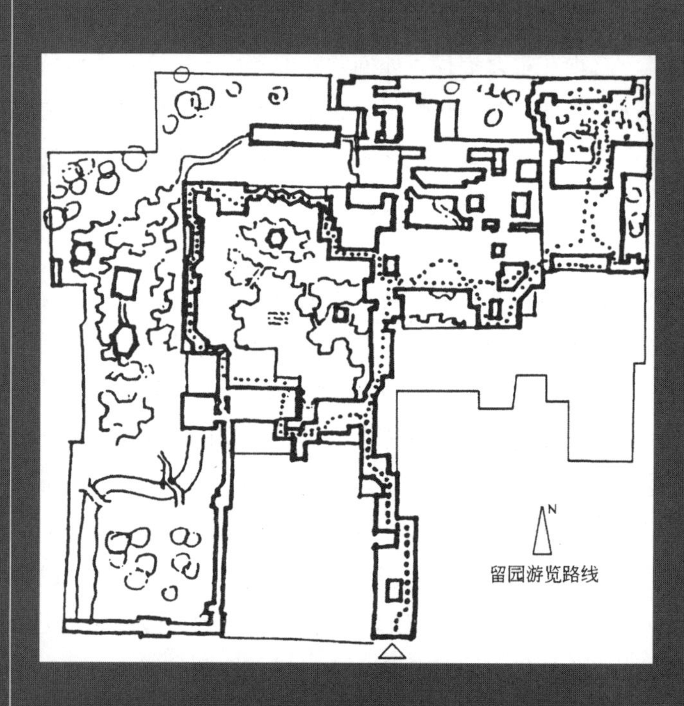

1.1 什么是建筑

（一）

什么是建筑？一般人也许会说：建筑就是房子。但从专业的角度来说，建筑不仅仅是房子，它还包括不是房子的一些东西。例如纪念碑，是建筑物，但不能说它是房子。巴黎的埃菲尔铁塔、北京的妙应寺白塔、南京的栖霞寺舍利塔、罗马圣彼得大教堂前的方尖碑、秦始皇陵等等，都属建筑物，但都不能说是房子。

有人认为建筑是空间，建筑的内部是空的，人可以进入里面。有的建筑虽是实心的，如纪念碑、塔幢等，但它也有空间，这些建筑物的空间不在其内部，而是在其周围。房子是实的物体（如墙、屋顶等）包围或构成虚的空间。而纪念碑、塔幢之类的建筑物，则是实的物体在中间，空的空间在其周围，或者说它反包围（或构成）周围的空的空间，如图1-1所示。北京天坛的圜丘，是用三层坛台构成它的上部的空间。有的塔是空心的，人可以入内，还可以爬到塔的上面向外眺望，如上海的龙华塔、杭州的六和塔等等；有的塔是实心的，如北京的妙应

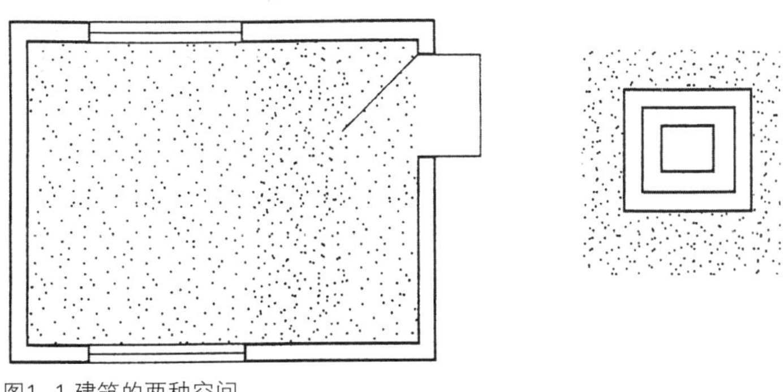

图1-1 建筑的两种空间

寺白塔、南京的栖霞寺舍利塔等等。但不论是实心的还是空心的，塔作为一个整体，被看成一个实体，其周围则是属于塔的空间。纪念碑更是如此，北京天安门广场上的人民英雄纪念碑，在碑周围的空间就是属于这座碑的空间。诸如此类，建筑物的空间性，既有实的实体（碑），又有虚的空间（广场），这虚的空间就是人活动的场所。实的实体为虚的空间而设，它不但组织起供我们使用的空间，而且也显示了建筑形象。

上海“大世界”（图1-2）是一座近代所建的游乐场所，其空间是很复杂的。它包括一般的房间、大厅、过厅等，还包括露天剧场。这座露天剧场的空间是由环形的廊道和上下楼梯等包围起来的。其实它在演出时（如大型杂技及飞车走壁表演等），它周围的廊子也属于这个空间，人们进入这个空间，会显得眼花缭乱，好像自己也进入了“角色”，成了魔幻世界中的一员。

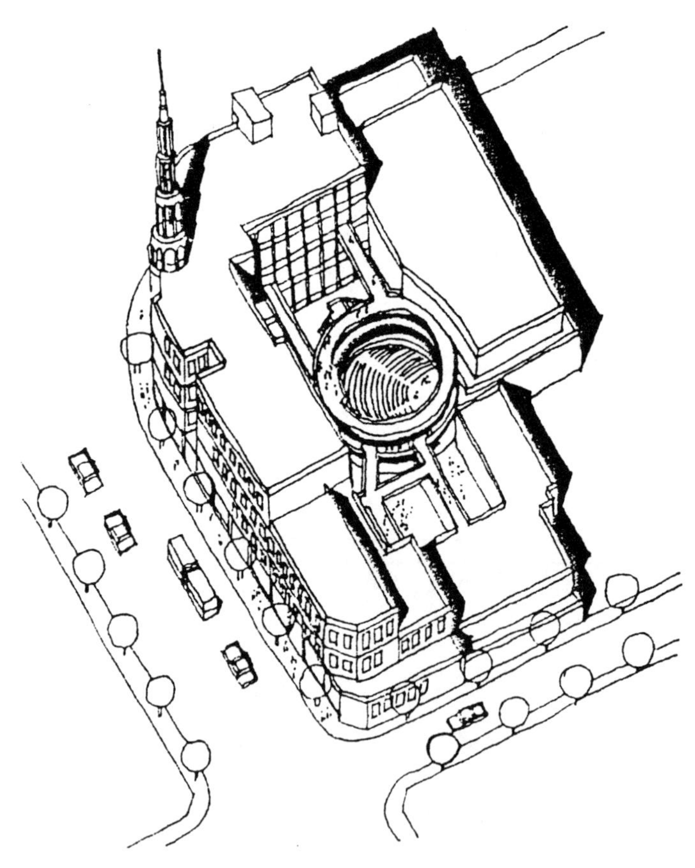

图1-2 上海大世界

（二）

在19世纪中叶以前的西方建筑界，往往把建筑说成是“凝固的音乐”。建筑和音乐的关系，早在古希腊的哲学家毕达哥拉斯就已经注意到了。文艺复兴时期的建筑理论家阿尔伯蒂说：“宇宙永恒地运动着，在它的一切运动中自始至终贯穿着类似性，所以我们应当从音乐家那里借用一切有关和谐的法则。”（《论建筑》第四卷）18世纪德国哲学家谢林说：“建筑是凝固的音乐。”后来德国音乐家豪普德曼又补充说：“音乐是流动的建筑。”对建筑的这些认识，无疑是把建筑作为一种艺术来看待。

建筑确实是一种艺术，而且是一种很古老的艺术。在古罗马的艺术中，建筑占有相当重要的地位，如角斗场、万神庙、提图斯凯旋门等等，都是伟大的艺术品。又如巴黎圣母院、罗马圣彼得大教堂、莫斯科华西里·伯拉仁内大教堂、伦敦圣保罗大教堂等等，也都称得上是精美的艺术品。甚至许多著名的现代建筑，如法国的朗香教堂、美国的流水别墅、澳大利亚的悉尼歌剧院等等，都称得上是现代艺术的精品。我国古代的许多著名建筑，如北京故宫、天坛，山西晋祠圣母殿、应县木塔，以及江南园林等等，也都称得上是艺术精品。秦始皇所建造的阿房宫，虽然早已被西楚霸王项羽付之一炬，但它留在人们心目中的形象，却也是很美的。现存的许多古建筑，更以实物形象表述了这一点。在我国的现代建筑中，也有许多称得上是艺术佳作的，如上海的金茂大厦、浦东国际机场，广州的白天鹅宾馆，北京的奥运会主会场“鸟巢”、游泳馆“水立方”以及中央电视台彩电中心等等。

建筑无疑是一种艺术。可是，我们却不能说建筑就是艺术。从逻辑上说，建筑与艺术还不能说是等同的，建筑除了它的艺术属性之外，还有其他性质，如它的使用功能性、工程技术性和经济性。在19世纪以前，由于过分地强调了建筑的艺术性，从而反过来束缚了人们的手脚，有碍于建筑的其他性质的真正实现。但从18世纪下半叶的工业革命开始，人们在生产、生活活动及其他许多方面，都对建筑提出了新的要求；同时，那些墨守成规的古典的建筑艺术范例，越来越有碍于建筑的发展。在这种矛盾面前，人们开始对传统的建筑形态产生不满足情绪，要求有所变革。从19世纪下半叶开始，欧美的众多发达国家，从理论到实践，都开始对建筑进行了新的认识和探索，并且开始出现许多形式的新型建筑，以跟上时代的步伐。

（三）

许多现代著名建筑师纷纷对建筑提出自己的看法。

著名的德国建筑师格罗皮乌斯提出："建筑，意味着把握空间。"另一位著名的建筑师勒·柯布西耶提出："建筑是居住的机器。"这些见解都意味着人们对建筑有了新的认识。建筑首先应当是给人们提供活动的空间，而这些活动，则无疑包括物质活动和精神活动两个方面。所以美国著名建筑师赖特认为：建筑，是用结构来表达思想的科学性的艺术。他承认建筑是一种艺术；但建筑又具有构成建筑物的科学性和人们使用建筑物的合理性。不难看出，现代建筑把建筑的艺术，不只看成是独立的纯粹的艺术，而且看成既包括在供人使用的范畴中，又满足人们的精神活动。这也有些类似于工艺美术和现代的实用美术，前者更多地考虑其造型，后者则偏重于应用。但不能说后者不重视造型。所以后来又把实用美术视为产品，叫工业美术。作为产品，它的生产手段显然与工艺美术不同，其生产目的，则是为了销售。可以说，现代建筑就遵循对建筑的这种认识，这是时代潮流所致。例如居住建筑，现在我们建造住宅，是成批生产的，一样的形式，数百幢地建造，只要它卖得出去，甚至没有地域概念，北京可以建造这种形式，上海、广州、西安、成都等地也可以建造。它还可以国际化，美国可以建造这种形式的住宅，法国、英国、德国、日本、韩国、泰国等几乎任何国家都可以造这种形式的住宅，只要它能卖得出去。除了住宅，其他如办公楼、剧场、电影院、医院、旅馆、学校等，也都能这样做。

意大利著名建筑师奈维认为："建筑是一个技术与艺术的综合体。"（《建筑的艺术和技术》）这些论点，说到底仍然是把建筑看作是一种艺术，无非由于现代建筑的科学技术特征和因素很强烈，甚至科学技术直接参与造型，所以产生了这种提法。

1.2 人与建筑

（一）

我们几乎每时每刻接触建筑，坐卧、休息、交谈、上课、买卖、就诊、看戏、参观展览、瞻仰纪念馆、阅览室内看书报、观看体育比赛、实验室里做试验、车间里劳动等等。除了一些户外活动（如田间劳动、郊游等），其余的可以说都在建筑中进行活动。有些活动虽说是在户外，如广场等，但从广义来说这种空间也属建筑，它也被建筑物或者其他的物体的空间所限定。总之，建筑与人的关系实在太密切了。有人说人的基本要求，衣食住行中"住"就是由建筑来实现的。这里的“住”是广义的，并不只是居住。因而也可以说建筑是人们的生活活动的环境。但“环境”不只是建筑，它有多义性。例如人群、社会，这也属环境；自然的，如空气、温度、湿度、水文、地貌等等，对人来说也都是环境。所以建筑作为环境，是指人造的、由实物限定的、供人活动的空间。

一个住宅，有起居室、卧室、书房、孩子活动室、餐室、厨房、卫生间、储藏室等空间，形成一个由实物构成的居住空间；一个剧院，有前厅、售票厅、观众厅、舞台、化妆室及其他用房；一个中学，有教室、办公室、大礼堂、实验室、团队部、医务室、后勤用房等。这些空间是按照人的活动要求而构成的。剧院中观众厅的形状及大小、出入口的大小和数量，还有视线、光线等等，这一切，都是按照人看戏的要求设计的。又如住宅中的卧室，人们总希望有一个可供睡觉、穿衣、梳妆、交谈等活动的空间。那些构成空间的物体（如墙、门窗、地板、顶棚等）表面，要尽量符合人们的这类要求。若墙面上被布置得琳琅满目、五光十色，或者形状很奇特，抑或四周围不用墙，而用透明的玻璃，不能想象这种卧室还能令人满意。可见，建筑首先必须满足人的这些活动的需要。无论从空间本身，或者构成空间的实体部分，都应符合这个空间的使用目的。

人，可以被认为是单个的，也可以是群体的，甚至是整个社会的。我们这里说的建筑，应当能满足人在里面活动的各种需要，而且不仅满足单个人的，还应当满足人群的，乃至社会整体的。例如学校中的教室，不仅要满足单个人（学生）的学习需要，还要满足教师与学生、学生与学生之间相互关系的需要。教室的空间形状、大小、高低、光线、教室空间内表面的形象等等，都应当最大限度地满足这些需要。

（二）

原始社会时期，社会生产力很低下，人们建造自己的生活活动环境（建筑），只能在地上挖一个洞穴，或者在树上架设一个棚架，以挡风雨、避寒暑、御野兽、抗敌害。随着生产力的提高，技术的不断进步，人们逐渐在建筑上一点一点地讲究起来。今天的建筑，随着物质和精神文明的发展，不但质量越来越高，数量越来越多，而且类型也越来越多。供人们居住的有各种类型的住宅，还有度假村等；供社交及其他公共活动的文化宫、游艺场、剧场、体育场馆、博物馆、美术馆、各类展览馆、商店、飞机场、车站、行署、学校、医院、疗养院等等；供生产用的各种厂房、车间等等。要构筑这么多不同用途和形式的建筑，还须具备现代建筑技术、材料和施工条件。可以认为，建筑的“为人”和“人为"，在社会文明的进程中是同步的，也就是说，建筑与人的关系是同构的。研究建筑应当研究人。建筑学，也可以说是一门关于人的学问。

（三）

建筑为人所造，供人所用，所以建筑也就映射着人和社会。在古希腊的德尔斐圣地有一块石碑，上面铭刻着这样一句话："认识你自己。"相传这是一句由神斯芬克斯所说的话，后来希腊人就把它作为谚语流传下来。其实，你要认识建筑，也同样可以用这句话：认识你自己。原始时代的人类的物质和精神活动、社会结构和生产技术的状态，我们能从留存下来的原始时代的建筑中去认识。在苏格兰的刘易斯，人们发现有一种形似蜂窝的小屋，这种房子用较小的石块垒成，制作得很精巧。房子里面估计能供3至5人居住。有一个门洞，屋子中间的顶部开

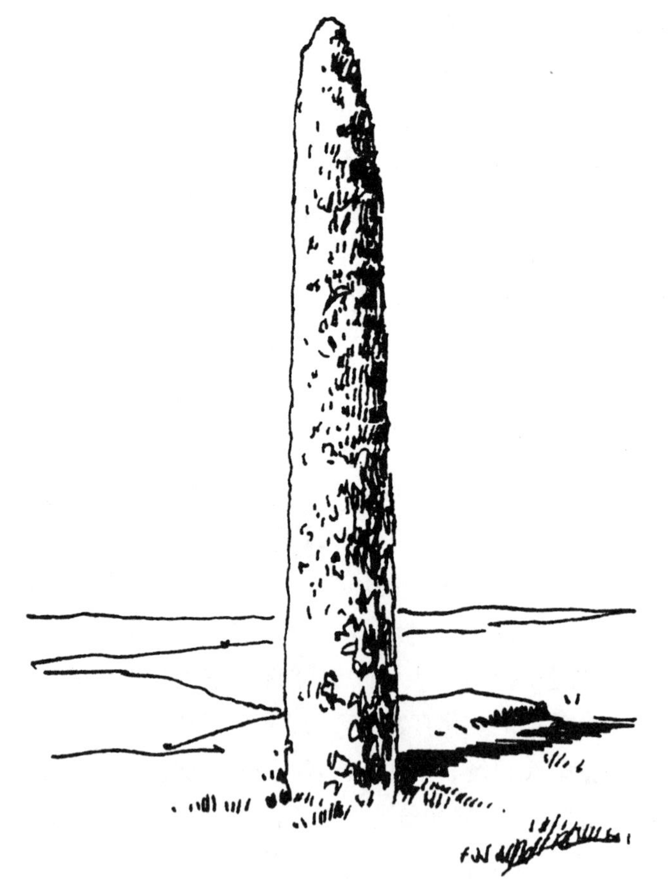

图1–3 单石

有一个小孔，也许是采光或出烟之用。这种建筑被成群地建造。我国西安附近的半坡村也发现类似的原始时代的建筑，只是材料有所不同。我们能从这种建筑中了解到当时氏族社会的群居特征和家族结构形态，还可以了解到当时的生产技术水平。在法国和欧洲的其他一些地方，人们还发现许多石柱，也属原始时代的。这种石柱，在柱面上还刻有各种图形，是他们的崇拜之物，称图腾。图1-3就是一个大型的石柱。据分析，石柱的功能完全是精神的，犹如后来的纪念碑。它是原始人类的崇拜对象，是一个十足的“精神支柱”，也是他们的部落的象征。因此，也就带有原始的宗教性质。

随着文明的进展，社会的各种新的特征相继出现。这些新的特征，几乎都在建筑中表现出来。如宗教，古希腊的宗教特征是“神人同形同性”的。相传古希腊的神和人，无论形象、行为、个性等，都无多大的差异，只是神要比人更有能耐。甚至神和人还能结婚，还会生儿育女。有名的大力士海格利斯就是神和人所生的。古希腊神庙（如波赛顿神庙、帕提农神庙及伊瑞克先神庙等等），确实像是人在其中活动的建筑物。这反映了古希腊的宗教特征和社会特征，因为只有在奴隶主民主制（对非奴隶者来说则享有自由和民主）社会中，才可能有这样的宗教形制。西欧中世纪的主要建筑称为哥特式，它映射着基督教、天主教的教义。如巴黎圣母院、科隆主教堂、阿美安教堂等，高直而修长的建筑形象，似乎有一种向上升腾的感觉。基督教、天主教认为，人世间充满着苦难和罪恶，而只要信奉上帝，神就能把你带向“天国的乐土”。西方中世纪的社会现实及观念形态，也便在这种建筑形象上表现出来，那高高的尖塔，顶上是个十字架，好像就是天国的所在。

人在社会中的地位，各个阶级、阶层是不同的，在各个社会历史时期也是不同的。中国古代长期的封建制度，人的伦理地位是非常严格的。建筑，则配合并反映着这种人际关系。长幼尊卑，等级分明，古时候在这种住宅中居住，什么位置的房间该住什么等级的人都有严格的规定。现代住宅与古代住宅则完全不同了，我们也无法在现代住宅中再用长幼尊卑的伦理关系来分配个人的住处。所以说，现代生活、现代住宅，除了物质文明需求上与古代住宅有不同之处外，更重要的是在精神上，特别是集中地表现在伦理关系方面的不同。

建筑反映着人和社会，所以说，研究建筑还需研究人，研究人的物质形态和观念形态，人的生理、心理、伦理等特征，以及社会层面上的诸物质形态和意识形态。

1.3 建筑的基本属性

（一）

建筑有很丰富的内容，这么多内容可以归纳成下列几个基本属性：

建筑的时空性：建筑作为一个客观的物质存在，一是它的实体和空间的统一性，二是它的空间和时间的统一性。这两者组合起来，构成建筑的时空性。

建筑的工程技术性：建筑由物质材料所构成，而且是人为地、科学地构成的。

建筑的艺术性：建筑既是一个实用对象，又是一个审美对象，是一种造型艺术。

建筑的民族性和地域性：每个民族或地域，在不同的历史时期都有不同的建筑形态；时代不同，建筑的形式和风格也不同。

（二）

我们在第一节里已经说到，建筑是空间存在，是实的部分和空的部分的统一，建筑物用的虽然是它的空的部分，实的部分只是它的外壳，但如果没有它的外壳，空的部分也就不复存在了。因此，研究建筑，应当把实体和空间两者统一起来。在建筑设计中这种实体和空间的统一，可以称之为建筑空间的限定与组合。例如，用墙或其他的实物材料，把所需的空间围合起来，就构成房间。这种空间的限定方式称“围”。又如用屋顶、楼板或其他材料（实体），置于所需空间之上，当然需用支撑物将它固定住，其下部就形成建筑空间。如亭子、雨棚等等。这种空间的限定称“覆盖”。可以想象，当我们把“围”和“覆盖”合起来限定空间，也就形成一个完整的屋子了。

建筑空间的限定组合，除了以上这两种方式以外，还有其他方式，例如前面已经说到的纪念碑，它是由实体（碑）和它周围的空间构成“建筑”的，其周围的部分，由于碑的存在而与其他远离这个实体（碑）的空间，在人们的心理上就有了区别。这种空间的限定称“设立”。建筑空间的限定组合方式还包括“凸起”、“凹进”、“架起”及实体表面肌理变化等(共七种)，我们不在此详说了，在以后的建筑设计课程中将会学到。

建筑的空间，还有层次的概念。房间，是建筑空间的最小单元（图1-4a），几个这样的单元组合起来，就成了房子（图1-4b），几个房子又可以组合成建筑群或构成里弄、街坊（图1-4c），然后几个建筑群或街坊组合起来，便构成城市（图1-4d）。这时，“建筑”这个含义便失去了，即不属建筑范畴，而称为城市了。例如我们这个教室，可以说是建筑的最小单元，几个这样的教室，加上走廊、楼梯间、办公室、厕所、进厅等组合起来，就成了我们这个教学楼，几个教学楼，再加上宿舍、食堂和厨房、礼堂、办公楼、医疗室、实验室、图书馆、体育馆等等，就成了我们这所学校。再由许多这样的建筑群，当然是各种类型的，如住宅区、商业区、工厂区、行政区等等，再加上室外空间，诸如广场、道路、公园绿地及其他露天场地，组合起来，就构成了城市。从空间来说，建筑无疑是从最小的单个空间（房间）起，一直到城市，这样层层组合的空间。有人说，城市好像是一个放大的建筑物。车站、机场、码头等是它的“门户”，广场是它的院子或客厅，街道是它的“走廊”。我们要建立起这样的系统性的空间层次意识。魏晋南北朝时，“竹林七贤”之一的刘伶，“纵酒放达，或脱衣裸形在屋中。人见讥之，伶曰：‘我以天地为栋宇，屋室为裈衣，诸君何为入我裈中？’”（刘义庆《世说新语·任诞篇》）实际上也正是这个层次空间的观点。这样的认识，对建筑设计来说是很有必要的，因为一个建筑物，不论规模大小，都不应当看作是一个孤立的对象，而是有系统的，我们要注意它在更大的范围中的地位和作用，也要注意它的内部，更小的范围中的诸组合。

建筑的空间性似乎要比建筑的时间性容易理解些，因为它直观。但我们也要重视建筑的时间性。只是时间对建筑来说比较抽象，更多的是概念性的。建筑，看起来好像与时间没有什么关系，但建筑与时间的关系却不能忽视。建筑的时间性表现在什么地方？建筑的时间含义可以包括以下几方面：

一是建筑的存在有时间性。尽管有些建筑非常“长寿”，似乎是永恒的，如古埃及的金字塔、古希腊的神庙等等，它们都已经存在数千年

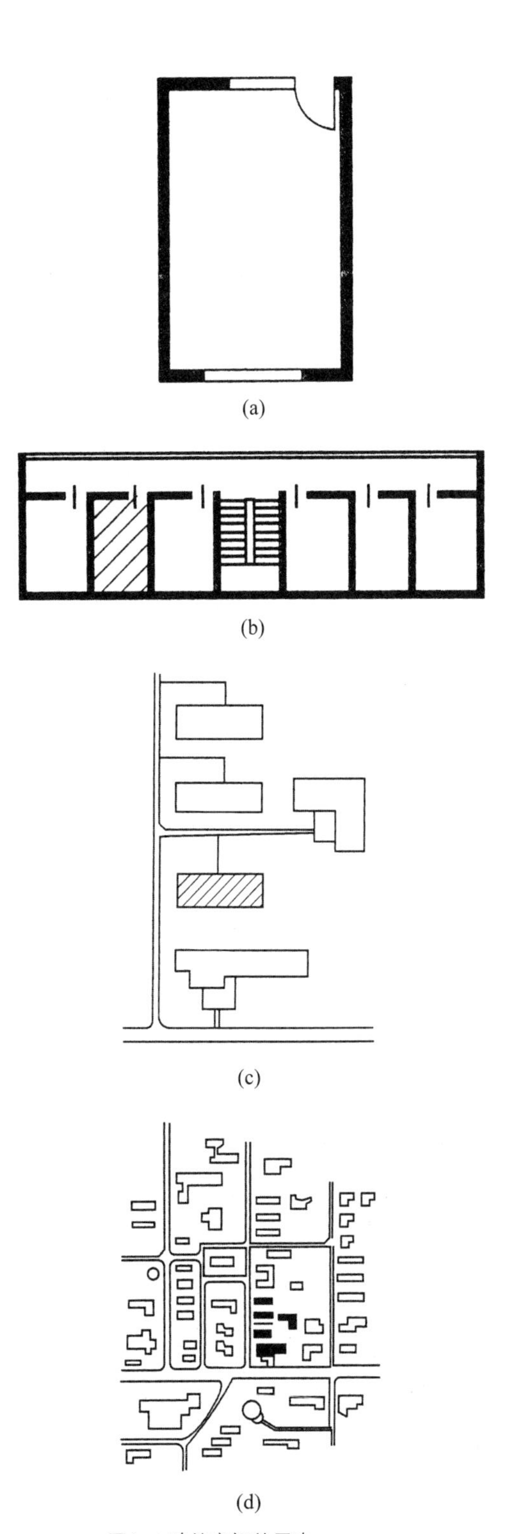

图1-4 建筑空间的层次

了；但是，今天的这些古建筑，形象上毕竟已与当初不同了，或者说它们都刻上了时间的印记。大多数的古希腊神庙已倒塌了，尚存的那几座也已相当残破了。建筑，都会随着时间的流逝而破损、倒塌、消失，或者随着历史的变迁而更迭。最典型的例子是古代的两河流域，即今之伊拉克一带。这里文明发祥很早，最早建于此的是巴比伦王国，但那时的建筑早已无存。后来这里被北方民族所占，建立亚述帝国，在此建都，著名的萨艮二世王宫造得相当雄伟，宫内还建有观象台。但此宫如今也早已荡然无存了。后来，这里又建立起了新巴比伦王国。著名的世界古代七大奇迹之一的"空中花园"，后来也消失了。新巴比伦城建造得很豪华，特别是它的城门（图1-5），称得上雄伟壮观，但如今也早无踪影。后来这里又被波斯所占。波斯王宫帕赛玻里斯宫建造得更雄伟壮观，但如今却只留下一堆废墟（图1-6）。

二是对建筑的使用，也与时间关系密切。从园林建筑的游赏来说，可用实例来说明：苏州的留园，游客先入大门，经过一段曲折而富有变化的空间，然后到"古木交柯"和"绿荫"处，在此作短暂逗留、欣赏，然后转过两个弯，进入留园的主要景区：由大水池和涵碧山房、明瑟楼组成的一组空间；接着，绕过由大水池及假山等组成的景区，便来到五峰仙馆、揖峰轩等处，然后再到冠云峰、林泉耆硕之馆、冠云楼组成的一处景点（图1-7），接下来经过鹤所、曲溪楼等处，再转到"古木交柯"处，回到入口。不论游程的长短、游得细致还是走马观花，总需用时间。在设计空间的同时，还要注意时间概念，因为时间在建筑空间的使用中有相当重要的作用。

图1-5 新巴比伦城门

图1-6 帕赛玻里斯宫

三是建筑的使用功能往往随着时间起变化。如伊斯坦布尔的圣索菲亚大教堂，建成于537年，当时是一座东正教堂，后来东罗马帝国被奥斯曼帝国所灭，这座教堂变成了伊斯兰教的清真寺；第二次世界大战以后，这里变成了博物馆，作为文物。又如北京的故宫，过去是明、清两朝的皇宫，今天则成了博物馆。还有，上海南京西路上的美术馆，最早是外国人开设的跑马总会，后来改为上海市图书馆，如今又变成了美术馆。这种随着时间的变化而改变使用功能的建筑，在建筑历史上不胜枚举。随着社会、历史、时代的变迁，建筑的功能也在改变。

四是对建筑的审美也有时间的因素。我们常常说“时代感”、“时代美”、“时髦”等，这也就意味着事物的美感是会“过时”的。有些建筑（指形式），当初曾轰动一时，但过了三年五载，人们就对它不怎么感兴趣了。20世纪50年代，为配合我国建国10周年，在北京建造了10座重要的建筑，称“十大建筑”，曾轰动一时；但如今我们去看这些建筑，也就不如当年那么激动了。古代建筑固然至今仍然对我们具有吸引力，但须知我们的审美心理已经改变，我们以现当代的美学心态去品评它了。如佛塔的形式，古代对它的审美，基本上是从宗教出发的；但今天我们欣赏佛塔，就转化为从它的形式美出发了。又如江南水乡民居，在古代的人看来，当然也是美的，所谓“小桥流水人家”；但对今天来说，它的实用性降低了，审美性增加了。本来不属于形式美（目的）的东西，如山墙、柱、门窗、台基、栏杆等这些应用性的东西，如今却增加了它的审美价值，降低

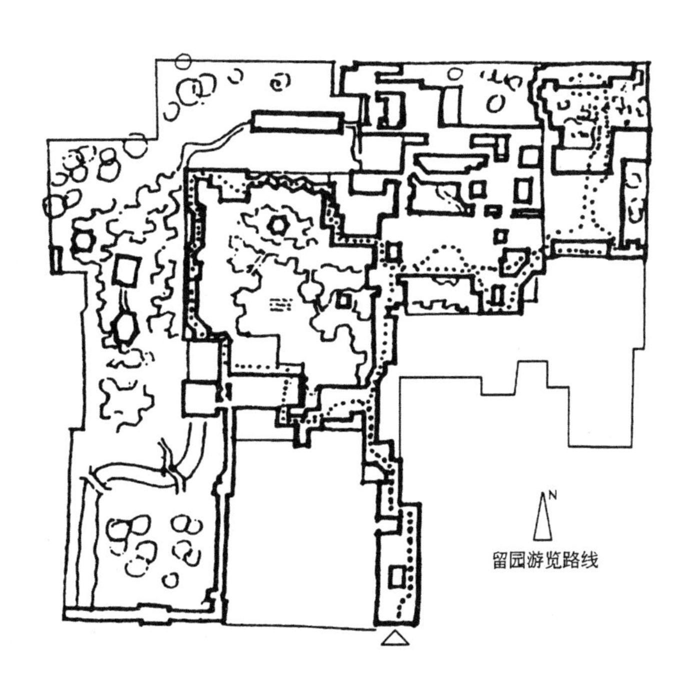

图1-7 留园平面及游赏路线

了它的实用性。今天我们欣赏这种水乡建筑的美，如苏州、绍兴一带的江南水乡被誉为“东方威尼斯”。今天人们已经把它升格为绘画式的或摄影艺术式的美学对象了。画家对它青睐，摄影家对它歆羡，旅行家更是慕名前往，一睹为快。时间，在建筑美学上也起着很大的作用。

（三）

如上所说，建筑的存在是实体和空间统一的存在。这个实体是人建造的，人凭着自己的聪明才智，构成自己的生活活动环境。建筑是专属于人的。人构筑建筑物，与动物营巢、筑窝完全不同，“……蜘蛛的活动与织工的活动相似，蜜蜂建筑蜂房的本领使人间的许多建筑师感到惭愧。但是，最蹩脚的建筑师从一开始就比最灵巧的蜜蜂高明的地方，是他在用蜂蜡建筑蜂房前，已经在自己的头脑中把它建成了。”（《马克思恩格斯全集》第23卷201页）原始社会的建筑虽然很简陋，但却是“人造的建筑”，它是通过思维而不是凭本能构成的。我国西安附近的半坡村发掘出原始社会的遗址，据考古分析，这些建筑就是原始人利用自然材料（土、木、石等），按自己的生活活动的需要而构成的，斜坡的屋顶，既不会倒塌，又可以排雨水，屋顶上开有小口，可以排气和烟，也可以采光，但雨水却进不来（在侧面开口）。室内地面的中间略凹，据研究这里是个火坑，可以取暖和烧烤食物。出入口有门，可以开闭，这样就能有利于使用，既方便出入，又能预防敌、兽的侵袭。这种房子，看起来很简陋，但我们应当认识到这是原始时代的建筑，已经相当高明了。原始人凭经验，凭口传、身授，把这种建筑工程技术一代一代地传下去，并且不断地改进和完善。今天我们所看到的建筑物，从其构成的性质来说与原始时代的建筑是相同的，所不同的就是人的需求的扩大和物质技术的进步。

现代建筑在工程技术上当然比原始社会的建筑要复杂得多。大体来说，建筑的工程技术包含着这样几个方面：建筑结构与材料，建筑物理，建筑构造，建筑设备，建筑施工和经济等方面。这些内容，我们将在后面的章节详述。

（四）

建筑的艺术性是建筑的基本属性之一。建筑是否具有艺术性已毋庸置疑，现在的问题是建筑艺术的性质是什么？建筑的艺术性多指建筑形式，或建筑造型。巴黎圣母院的正立面，美在整体和各部分之间的比例恰当，美在形式的变化与统一。北京天坛祈年殿的美，是它的外轮廓的完整性，同时也是色彩的和谐性；悉尼歌剧院的美，是它的形态的组合之美；华盛顿国家美术馆东馆的美，是形体的切割、组合、对位之美。建筑的形式美，有它自己的许多特征。关于建筑的形式美，还要在后面的章节详述。

意大利文艺复兴时期的艺术大师帕拉第奥认为：美产生于形式，产生于整体和各部分之间的协调，部分与部分之间的协调，以及部分与整体之间的协调，建筑物因而像个完整的、完全的躯体，它的每一个器官和周围相适应，而且对于你所要求的来说，都是必要的（引自《外国建筑史——十九世纪末叶以前》，陈志华著，中国建筑工业出版社，1994）。尽管古代建筑和现代建筑有很大的不同，世界各地的建筑也形式各异，但它们在形式美的法则上是共同的。现代建筑大师赖特还认为，建筑应当是“有机的”。建筑虽然是个使用对象，但建筑又有艺术性，这种艺术性是相对独立的，或者说它与功能关系甚少。

印度著名的建筑，世界中世纪七大奇迹之一的泰姬·玛哈尔陵，从形式美来说与它的功能关系不大。这座建筑的美，我们可以用建筑的形式美法则来衡量。这座建筑做到了变化与统一的结合，中间一个大的圆尖顶，外面是前后左右共四个小的圆尖顶。再外面是四个塔楼，塔楼顶上各有一个更小的圆尖顶。这就是形式的统一，大小的变化，位置的变化。同时，其中的门窗都做成圆尖拱的形式，又有大小、高低的不同，同样也是变化与统一的结合。除此之外，它在尺度、比例、韵律、节奏、虚实、层次等方面，也都做得很成功。

（五）

建筑的基本属性，除了它的时空性、工程技术性和艺术性外，还具有许多社会文化的属性。可以这么说：建筑是一种社会文化（性质），也是一种社会文化的容器；同时它又是整个社会文化的一面明亮的镜子，映射出了社会。

建筑的社会文化属性的第一个特征是民族性和地域性。不同的民族，有不同的建筑形式。中国是个多民族的国家，除了汉族以外，还有许多少数民族，他们的建筑也都各不相同，如藏族的碉楼式民居、苗族的干阑式住宅、傣族的竹楼、蒙古族的蒙古包等等。但除了民族本身的含义外，还有与民族有密切关系的宗教特征。建筑既表现着宗教，又表现着信仰这种宗教的民族。如西方天主教哥特式教堂建筑，东正教的圆尖顶式的建筑（图1-8a和b），以及伊斯兰教建筑、佛教建筑（图1-8c和d）等等，着重表现的是民族的特征。地域性是指不同的地区，由于气候、地理等条件的不同，建筑材料的不同以及当地民族风情的不同，从而形成建筑形式也不相同，我国的东北、西北和华北地区，气候都比较寒冷，所以房子造得比较厚重；江南和南方诸地气候温和湿润，则建筑轻巧而开敞。图1-9a是北方建筑的典型式样，显得比较厚重；图1-9b是南方建筑的典型式样，显得比较轻巧。有些地区雨水稀少，则建筑物的屋顶做得比较平缓，如甘肃、陕西及东北的一些地方，建筑的屋顶做得比较平，称屯顶。又如欧洲北部的一些传统建筑，由于那里多雪，所以屋顶做得比较尖，这样雪就不容易积厚。

图1-8 与宗教有关的建筑形式

建筑的社会文化属性的第二个特征是历史和时代性。不同历史时期的建筑形态，也有较大的差异。例如，古代罗马与中世纪建筑形象明显不同，古罗马建筑的门窗是圆拱形的，中世纪建筑的门窗则多为尖拱形的，即哥特式。后来文艺复兴时期建筑的门窗虽也用圆拱形，但它与古罗马的又有所不同，形态更为丰富，内涵也更多。现代建筑与古代建筑有更明显的区别。一般来说，现代建筑反映出时代特征，这种特征就形式的变化来说，其节奏是相当快的。从西方建筑流派来说，短短的半个世纪（从19世纪80年代到20世纪30年代），就有芝加哥学派、维也纳分离派、工艺美术运动、新建筑运动、表现主义、风格派、未来派、现代主义等等，正如当时的一位建筑师所说，一种风格还来不及被理解就已经过时了!从19世纪末到20世纪末这100年，建筑的时代性之明显，可想而知。

以上说的就是建筑的四个基本属性。“什么是建筑”这个问题，看起来好像很容易回答，但若要对建筑下一个确切的定义，确实是一件难事。可以说，在这一主题下面，可衍生出许多建筑的理论。然而至今仍然没有得出一个令人满意的“什么是建筑”的答案。但我们也不必去冥思苦想，而应当对建筑的技术和经济、建筑的物质和精神需求以及诸文化艺术内容作深入的学习和研究，从而自然会找到令人满意的答案的。关键还是实践，建筑设计就是我们的实践。我们进入建筑学专业后，着重要学习的也正是建筑设计，在设计实践中，这个问题会渐渐地清晰起来。

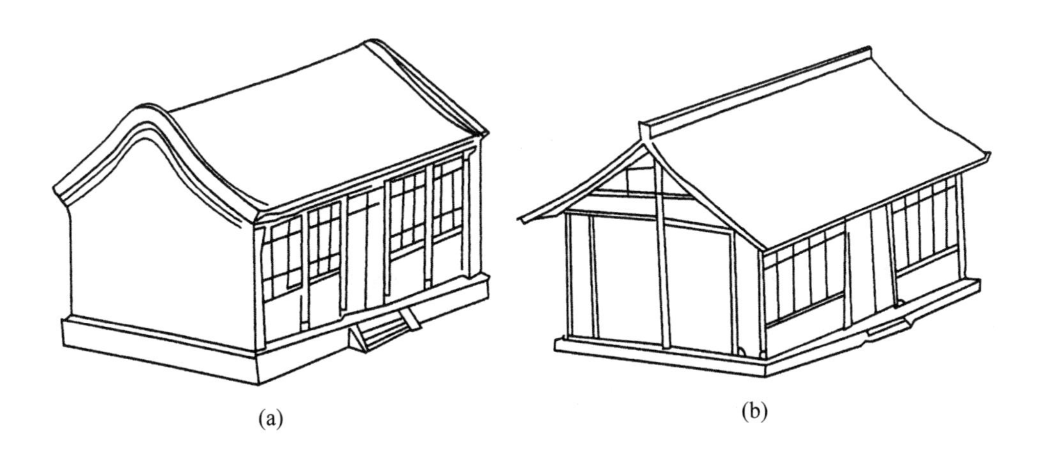

图1-9 与地区有关的建筑形式

第二章

建筑的物质技术性

2.1 概说

（一）

建筑的物质技术性包括三层意思：建筑的存在形式是物质的，建筑是以物质的手段构成的，建筑的使用方式是物质的。建筑的这三个物质性意义，其目的在于要求学习并从事建筑者要重视它的物质性，我们不能只顾设计图绘得如何好看，也不顾是否建造得起来，更不顾造好以后是否适用。我们学习建筑概论，首先要有这种认识。

我们知道，建筑的存在，主要是物质的存在，不论是住宅、学校、商店、车站、工厂等等，它的存在形式是物质的，用物质材料，通过技术手段构成的。

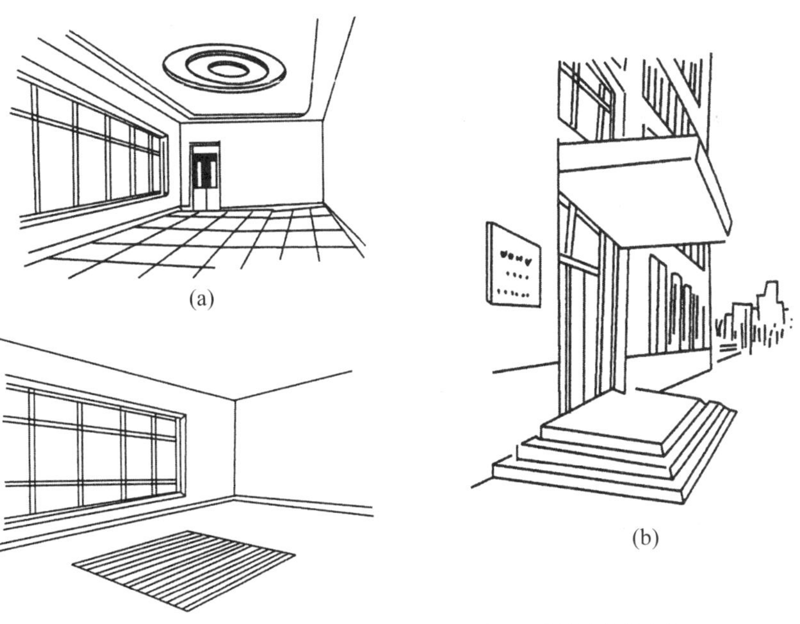

(a) (b) (c)

图2-1 限定空间的方法

如图2-1，其中a是房间，由四壁、门窗、顶棚及地板围合而成，房间内就是供人们使用的空间。这空间的形状、大小、高低、出入口以及光线等等，是根据使用的要求来确定的，这些也正是我们进行设计的主要内容。其中的b是雨棚，雨棚的下面是空间，它是由“覆盖”的形式形成的，供人们出入房屋时逗留用的。这种逗留是必要的，如开门、锁门，以及等待人、接待客人等等。其中c是室内地面上铺一块地毯，则地毯上空就会在感觉上产生一个独立于房间的空间，这种空间限定方式叫“肌理变化”。

空间的限定，除了上面说的几种方式外，还有“凸起”（如讲台等）、“凹进”（如下沉式广场等）、“设立”、“架起”等，共七种。这七种空间限定方式，都须用物质才得以实现。

（二）

再说建筑的构成手段。建筑的物质性，包括它的构成手段的物质性和应用的物质性。我们知道，建筑是一种人工构筑之物，不同于自然物（如山、树等），也不同于雕塑、绘画等。建筑在构筑过程中，必须以大量的物质材料进行建构。用物质构筑建筑物，指的是用物质材料（如砖瓦、木料、钢材、水泥、石子、玻璃等等），通过物质技术手段建成之物。小说只是以文字作为“符号”来表述它的事物；电影是用光和色，利用一定的拍摄技术和放映技术来完成的；绘画是利用颜料，在画纸或画布上绘制线条和色彩来完成的，如此等等；它们所构成的物质对象，只是给人感受，不能应用，画中的空间是虚的。建筑才构成真正的、给人使用的空间。建筑，离不开物质和物质技术。

（三）

建筑的物质技术应当重视，特别是我们刚接触建筑学专业，更需强调。建筑的艺术性要重视，但建筑的物质技术更需重视。如果房子不坚固，造好后不久就坏了，这就是个大问题！举例说，意大利的比萨斜塔，正是由于地基的缘故而歪了。再有一例，柏林的世界博览会会议厅（今为“世界文化之家”），1957年建成，是一座造型别致、功能也很好的建筑，但正因为它不够重视建筑技术，施工时没有密封好钢筋，受雨水锈蚀，23年后，即1980年5月21日，因钢筋锈断而倒塌。后来此建筑按原样再建，直至如今。

我国西安的小雁塔，建于唐代，是一座砖塔，于明代成化年间（公元1487年），因地震而纵向开裂，所幸的是没有倒塌。后来人们知道，它之所以纵向开裂，是由于每层的窗户位置上下对齐，从而削弱了这一处的墙面，当地震时受外力的影响，所以纵向开裂。因此后来造塔时，塔上的窗洞采用各层错位的方式（如第二层南北向开窗，第三层东西向开窗，第四层又是南北向开窗，如此一直到顶），使墙面的削弱部分均匀分布，后来造的塔就没有发生过纵向开裂的现象。

2.2 建筑的物质技术构成

（一）

原始时代，人的生活活动很简单，人对建筑的需求也就不复杂，只要有一个蔽所，能躲避风霜雨雪，御寒暑、防敌兽即可。人与人之间的交往也很简单，所以几乎没有什么公共性建筑。那时候，人们往往在部落的所在地立一根石柱，柱上刻有图案。这种形式，后来便演变成为宗教性的或纪念性的建筑，如我国古代的碑一类的形式。一个部落或氏族，仅有的公共房屋只是一个大房子，用来议事及举行一些庆典活动。当然另外还有墓葬区。今河南发掘出的殷墟，据研究就有

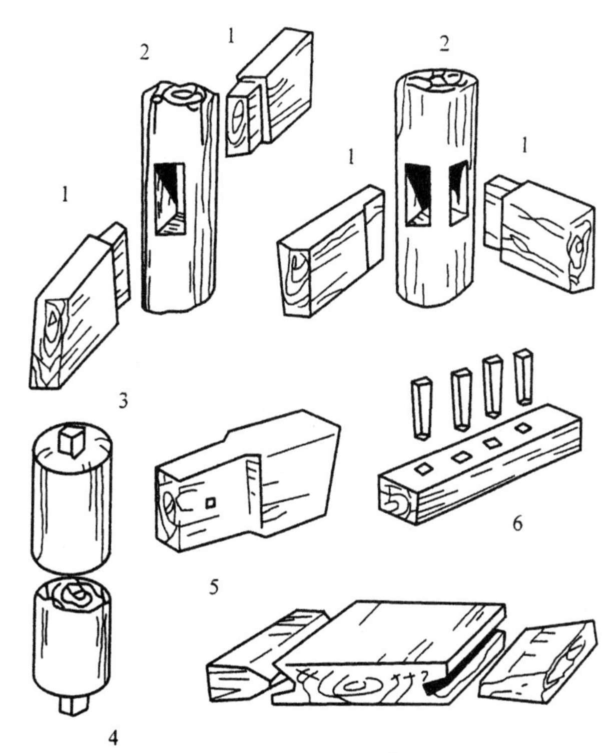

图2-2 河姆渡遗址的榫卯结构构件

墓葬区。人对建筑的需求和可能性总是互相联系着的。原始社会的简单粗陋的建筑，一方面是由于人的需求的简单，另一方面也受可能性的制约。当时的建筑技术只能达到如此程度。浙江余姚的河姆渡村，在20世纪70年代发掘出距今已有7000余年的新石器时代的遗址，其中有许多木屋构件（图2-2），发现那时已采用榫卯结构了。这是一个了不起的技术进步，可以说是世上罕见的人类早期的建筑技术成就。但原始社会时期的建筑，只能用天然材料，如木、竹、石、土等，进行简易的加工而筑成房屋。

随着物质文明的进展，生产力提高了，建筑技术得到了进一步的发展。恩格斯说："从铁矿的冶炼开始，并由于拼音文字的发明及其应用于文献记录而过渡到文明时代。"（《马克思恩格斯选集》第四卷第22页，人民出版社，1995）有了这些物质性的保证和信息形式的进步，人们的物质和精神活动才渐渐地增多起来。反过来说，随着人们的物质和精神活动的日益丰富，便对建筑提出了更多、更高的要求，从而推动了建筑技术的发展。中国传统建筑技术，早在先秦时期就已经形成了，那些木结构的做法，砖、瓦、石材等的应用，都已形成。这一切，不仅形成物质上的满足，而且在精神上也能达到很好的效果。有的建筑高大，显示着雄伟；有的建筑注意形式美，有情趣。建筑，显现出权贵和财富，又表现着人们的文化和观念形态。

图2-3 帕提农神庙

随着物质生活水平的提高，建筑作为一种物质活动的“容器”、“场所”也随之复杂和精致起来。如室内空间的不断增大，房间的不断增多，形态的进一步考究。远古的时候，由于技术等原因，房子只能小而简陋。后来由于建筑技术的进步，人们利用梁和柱这种形式来构筑房屋，像古希腊的石构建筑形式，如著名的帕提农神庙，平面宽30.9米，深69.5米，柱高达10.4米（图2-3）。

由于人们要在一个不大的场所居住较多的人，因此就出现了楼房这种形式。多层建筑在空间立体关系上是可行的，用楼梯作垂直向的联系。这在结构技术上是否可行呢？这就涉及到多层建筑的许多技术问题，如梁、柱、墙以及基础的设置，楼面板及檩条的设置，楼梯的制作等等。由于楼这种形式的出现，大大地开拓了人们的建筑思路，后来层数越来越多，从二层、三层到五层、六层。后来有了电梯，便建造起十几层乃至几十层的房子（结构技术和建筑材料也相应跟上），后来便出现了百层以上的摩天楼，现在已出现了160层的迪拜高塔——哈利法塔，高达828米，是目前世界最高的建筑。

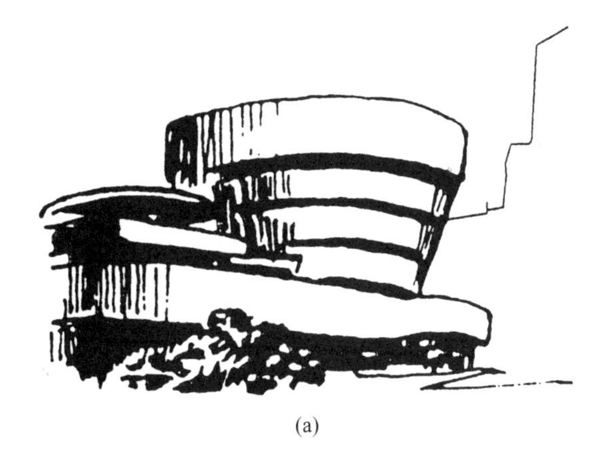

(a)

(b)

(c)

(d)

图2-4 丰富的建筑造型

许多建筑的设备上的进步也不能低估，例如挡风与通风的问题，人们就想出用窗这种形式。夏天要通风，把窗打开；冬天要挡风，把窗关上。窗关起来室内很暗，于是就发明了玻璃，挡风不挡光。灯的使用，使人们生活和工作的时间向夜间延伸。后来发明了电灯，使人们在夜间的生活和工作的质量提高不少。如今又有了节能灯，又进了一步。同时，在建筑中又利用空调和恒温恒湿系统，夏天能克服酷暑，冬天能克服寒冷，从而不但使人们生活更美满，而且有更多的精力和时间去工作和学习了，加速了时代发展的步伐。

随着物质需求被进一步满足，人们的文化娱乐生活及诸文艺活动等也随之丰富起来。许多艺术门类的出现，都要求由建筑来满足。例如音乐，要有音乐厅；戏剧，要有剧院；绘画和雕塑，要有创作室及展览陈列场所。这些空间，还需满足光学和声学要求。这对建筑来说，都是物质技术问题。

建筑的物质技术对人类社会的发展有着十分重要的作用，如上面所说，由于建筑技术的进步，使许多过去认为是不可能的事都变成了现实。如玻璃的发明，解决了采光的问题。由于结构技术的进步，高楼大厦出现了，从而使城市形态大为改观。建筑技术的发展，同时也丰富了建筑的造型。如纽约的古根海姆美术馆、华盛顿的杜勒斯机场、悉尼歌剧院、美国科罗拉多州的空军士官学校教堂等等（图2-4），都是很有艺术魅力的建筑形象。从这里我们也意识到，作为一名建筑师是很不容易的，他不但要把握工程技术上的许多内容，还要有很高的艺术造诣。

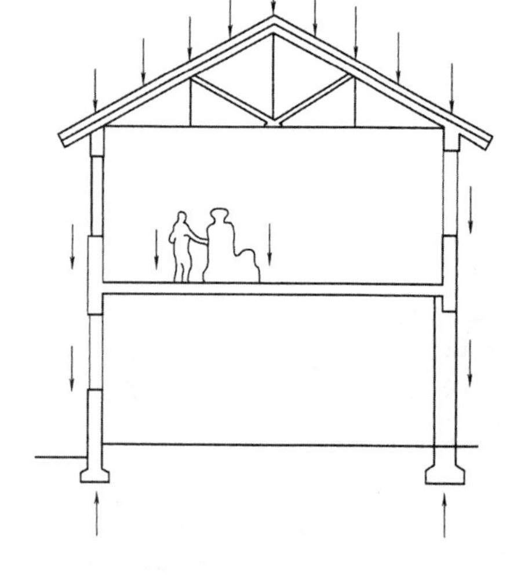

图2-5 建筑的传力

（二）

建筑，无论古今中外，它的构成的基本要求不外有这几方面，即适用、坚固、经济、美观，所以建筑的结构，不是孤立的技术问题，而是须兼顾这四方面。

首先说建筑中的力的问题，如图2-5所示，建筑物中的人和其他物体置于楼板上，然后连同楼板的重量一起传给梁，又连同梁的重量，还有上部的屋顶和柱、墙等的重量一起，再传给下面的柱或墙，然后把建筑物所有的重量，包括自重和负荷（人、物体等的重量），最后都传给基础，然后它与地基的反作用力持平。我们设计建筑物，既要注意到每个构件的受力，使房子坚固耐久，还要注意整座建筑物的稳固、平衡，所以首先必须弄清力的大小、性质和它的传递路线。

其次说屋盖。屋盖的功能，一是防雨雪，二是隔热保温，三是作为分隔室内外空间的顶面。由于要防雨雪，所以须处理好排水问题。一般的屋顶都有坡度，坡度有大小，即使是平屋顶，也是略有坡度的。

室内空间的大小影响屋盖的形式。如果空间很大，中间又不能设柱，就需有特殊形式的屋盖。(图2-6a是薄壳，图2-6b是折板，图2-6c是网架结构，图2-6d是悬索结构。)

第三，建筑的结构构成的可能性问题，即所用的材料和施工技术等问题。如果这些问题不解决，不管结构如何合理、先进，也只是空谈。不同的材料有不同的力学和其他物理性能，有的坚固耐久，有的则不然。如木材，很容易加工成所需的建筑构件形式，但与石材相比，其耐久性就差了。我国古代木构建筑留存至今的（原物）是山西五台山南禅寺的大殿，建于唐建中三年（公元782年）。但古希腊的石构建筑，如波赛顿神庙，至今已2400年了。不过，我国之所以多为木构建筑，自有它的原因。

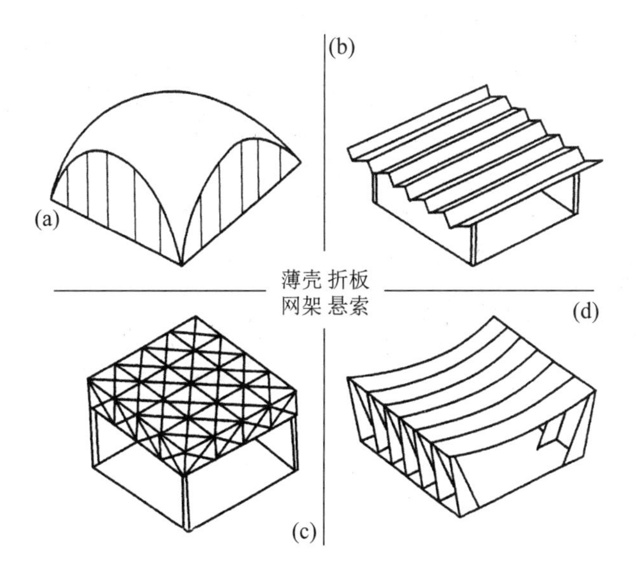

图2-6 屋盖

由于科学技术的进步，人们不但用混凝土代替石材，而且后来又在混凝土构件内放置钢筋，使它在受力上更合理。如一根梁，当它受力弯曲时，由于梁的下部放有钢筋，从而不易使混凝土开裂、折断（钢有很好的柔韧性）。钢筋混凝土这种人工材料，既合理、经济、可行，可塑性也很大，可以做成各种形状的构件。如法国的朗香教堂（图2-7），那种奇特的造型，用的就是钢筋混凝土结构。钢筋混凝土结构的建筑，目前世界上造得最高的是美国芝加哥的水塔广场大厦，高76层。更高的建筑基本上都是钢结构了。

除了材料，还有施工问题。施工的可行性很重要，相传我国古代著名匠人鲁班，巧妙地解决了许多建筑施工中的难题。如广为流传的“土堆亭”、“鱼衔梁”等，都是施工问题。

据民间传说，古时候有一位皇帝，命石匠盖一个用石头做的亭子，规定亭子的顶盖要用整块石头凿成，下面的四根柱子也须用石柱。有一位工匠承领了这一

图2-7 朗香教堂

御旨。因为他缺少施工经验，以为很容易，而且建成后功劳一定很大，所以很得意。于是，他命其他匠人先将亭子的顶盖和四根柱子加工好，然后将柱子立好。可是，那个巨大而笨重的石头亭顶怎么放到柱子上面呢？那时候没有起重设备，重达几百吨的石头亭顶，要装到数米高的柱子上是不可思议的事。完工之日渐近，这位工匠急得团团转。这时，鲁班忽然来了，他化装成一个渔夫，到那位匠人家里闲聊，饮酒。饮至半酣，酒已将尽，于是匠人外出去买酒，这时鲁班就把饭桶里的饭倒在桌上，在饭上插上四根筷子，上面覆一只空碗。趁那匠人买酒尚未回来，鲁班就溜走了。那匠人进门，见此情景，先怒后喜，喜的是桌上之物正是放亭顶的办法：原来可以在柱的周围堆土，堆得与柱顶齐高，再将土做成斜坡，延伸到已加工好的亭顶处，那顶就可以沿斜坡扛抬到石柱处，就位后再把土去掉（图2-8）。这就是“土堆亭”的故事。

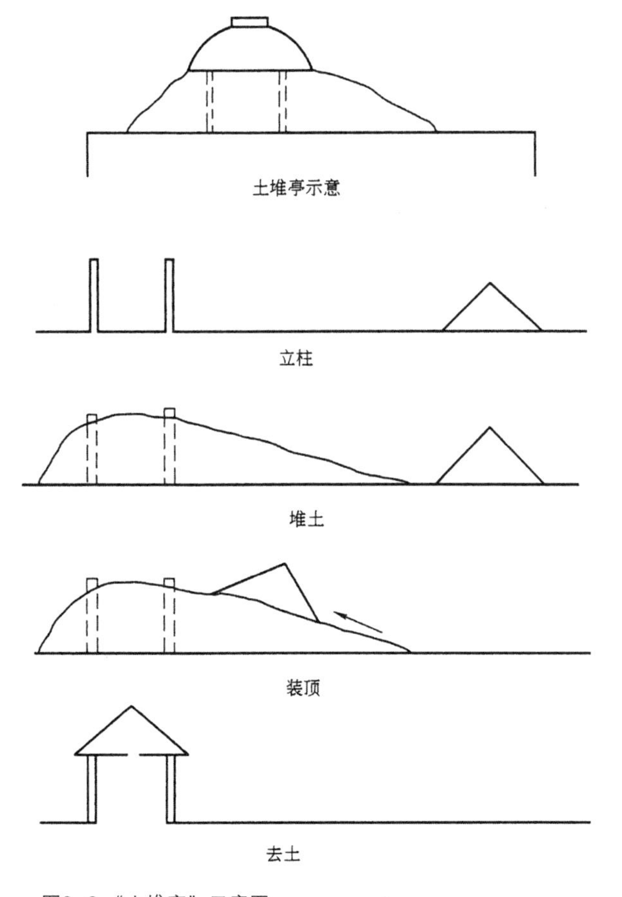

图2-8 “土堆亭”示意图

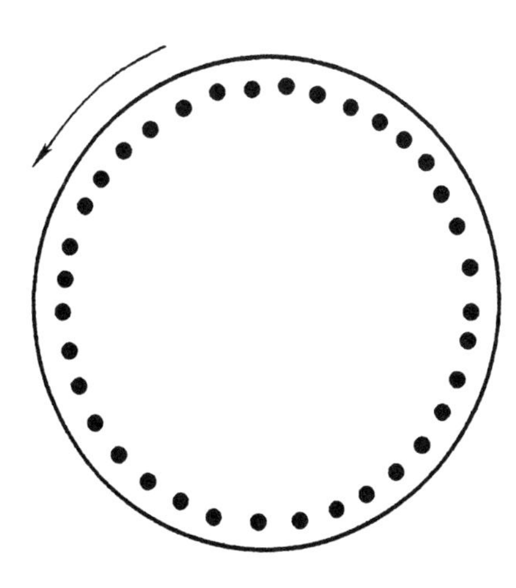

图2-9 屋顶吊装示意图

在现代建筑施工技术中，也同样有类似的施工问题。例如上海体育馆（建于20世纪70年代）建筑施工中也碰到类似的难题。这座体育馆规模甚大，可容1.8万名观众。圆形的大厅，其直径达110米。这样的大型屋顶，中间不设柱子，用的是空间钢管网架结构。要拼接这么多的钢管，高空作业显然不可能，只能在地面拼接好，然后将整个屋顶吊装到柱子上去。但如此巨大的屋顶怎么吊装？于是技术人员们就想办法，他们将屋顶在原地拼装好，并将柱子就位，然后用好几台起重机同步吊装。屋顶拼装时与柱子的位置成一个角度，等屋顶吊至空中，超过柱顶的高度时，再转回一个角度，对准柱子，放在柱顶就位，见图2-9。

现代施工技术还有许多新的作业方法，如混凝土滑模法，即把混凝土模板随浇注滑升。由于混凝土墙的下部浇注得早，不久就结实、坚硬了，可以脱模，所以模板就可以向上滑动，滑上去再浇注混凝土，如此这般一直到顶。所以滑模施工既合理又加快了施工速度。还有预制楼板顶升法，即多层房屋所用的各层楼板（预制的），先在下面叠好，一起升到顶端，然后随着每层的墙及其他结构的完工，楼板就一层一层往下落，一一就位。这是一种很合理的施工方法，又加快了施工的进度。

（三）

建筑为人们提供生活活动的空间，安全是第一重要的。在建筑的物质构成中，坚固性在这里有两方面的含义：一是建筑的坚固性，当建筑落成时，不因外来的或人为的原因而倒塌或有其他损坏；二是时间的限定，有些建筑规定只用一两年甚至几个月（如展览会建筑、建筑工地的临时用房等）；有些建筑，使用时间不太长，但一般也有20年至50年，通过经常维修保持不坏。这就得考虑时间与坚固性的关系，即经济性问题。也有的建筑要求永久性，理想地认为它可以长久地存在下去。如埃及金字塔，已有4000余年了。这种永久性建筑应当在物质构成上作特殊考虑。

研究建筑的坚固性，首先必须从受破坏的几种可能出发。建筑会受哪些破坏呢？总的来说不外有重力、人为动力、风力、雪载、由温度引起的材料胀缩、雨水渗漏、锈蚀、虫蛀、地基不均匀沉降及其他因素，使建筑部件乃至整个建筑受到破坏。这些要素影响建筑的坚固性，所以都应该认真对待。

首先说重力、人为动力、风力、雪载等，如图2-10，必须在建筑设计时估计到。这就要求进行结构计算，使之符合可能会产生的荷载量。一般来说，这些力在计算时要分门别类地考虑。房屋的自重和人、家具、设备等重量，分为两类进行计算，见表2-1。

雪载有地区差别，广州、厦门等地，雪载不予考虑。上海地区的雪载，考虑积雪厚度为80毫米；北京为240毫米；西宁为180毫米；太原为160毫米；杭州为140毫米；哈尔滨达410毫米。这些数据有表可查，可参见中国建筑工业出版社的《建筑设计资料集》。

再说温度变化。建筑物因温度变化而伸缩，可能会产生相当大的力，如果不予考虑，很可能在夏天炎热时将建筑物挤坏。因此，房子超过一定的长度，就得设置温度伸缩缝。

第三，建筑物的地基状况也须重视。在建筑设计之前，要对所建的地基作钻探，了解该地基的承载能力有多大。如果承载能力太小，房子造上去就会沉降。但一般的建筑物造好以后总会有些沉降的，如同济大学的南楼，刚造好的时候，室内外地面高差为七级踏步，四十几年后房子沉降了许多，只剩下三级踏步了。但这是均匀的沉降，是允许的。其建筑整体并没有因沉降而损坏。建筑物要避免地基的不均匀沉降，如图2-11所示。有的是因地基承载力不均匀，可能一部分地基原来是一条河，或局部地方遇到岩石等等（图2-11a），也有的是房屋重量不均匀，如一边是三层楼，另一边是五层楼（图2-11b）。无论哪一种情况，主要是考虑如何处理建筑的基础问题。基础做得好，建筑的整体就不会变形。

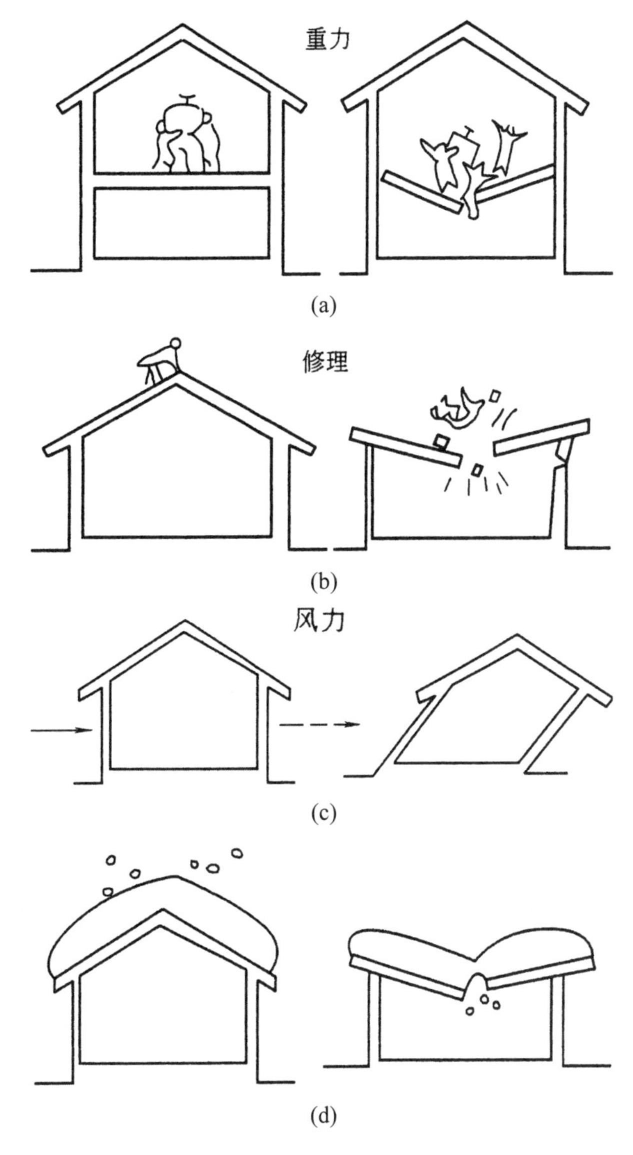

图2-10 建筑的破坏形式

荷 载 表2-1

恒 载	建筑自重
活 载	人、家具、设备、自然力

至于地震，对建筑物的结构设计更有要求。地震是分级区的，这种级区是根据地质学的研究和统计资料，得出各地区的地震裂度和发生频率来列表的。地震的裂度，最轻1度，房屋、构筑物、地表等均无损坏，人感觉不到，只有仪器才能测出；4度，房屋门窗和纸糊的顶棚有轻微作响，建筑结构、地表等均无影响，室内的人能感觉到，悬挂物有摇动；7度，简陋的房屋会损坏甚至倒塌，一般的房屋有不同程度的损坏，部分不坚固的结构受破坏，干土表面出现裂缝，人感到不安、恐惧。最高为12度，则广大地区内房屋普遍毁坏，地形有剧烈变化，还会伴随出现山崩、巨浪、海啸。详细数据可见《建筑设计资料集》。

（四）

从建筑的物质技术构成来说，为了达到适用、坚固、经济、美观这些要求，除了要求建筑物有一定的大小、坚固耐久外，还需重视建筑的设备。试想，假如一座建筑物内没有电灯和其他电器设备，没有给水、排水设施，对于现代生活来说是否满足？一般的现代建筑，总少不了要考虑水、暖、电等设施，见表2-2。更高要求的建筑，还需专门设置监控系统、报警装置、电脑互联网系统等等。

这些设备，都有专门人员去设计，但对建筑师来说，他必须懂得这一切，不然他就不能安排好设计方案。一座建筑的总设计，其他各个工程门类可以独自进行设计，唯独建筑师必须关注各个工程门类，因为最终这么多门类要做到协调、

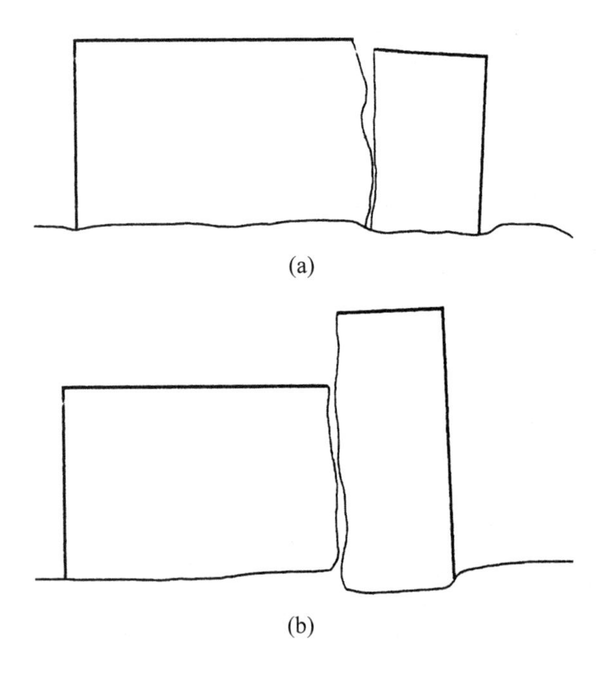

图2-11 建筑的不均匀沉降

建筑设施　　表2-2

种　类	内　容	种　类	内　容
水	给水、排水及消防等	暖	暖气、通风、恒温恒湿等
电	照明、动力及其他用途		

合理，必须依靠建筑师从中进行平衡、调整。有人说，一个大型的建筑工程的设计，好比一部大型交响曲的演奏，建筑师好比是“乐队”的指挥。因此，我们学习建筑学，须牢牢把握这些知识。

2.3 建筑与人的物质活动需求

(一)

建筑既然必须满足人们的物质活动需求，那么了解建筑或进行建筑设计，首先应了解人的尺度。从建筑的角度说，图2-12中的这些人体尺度是必须了解的。例如，一个小矮凳高220毫米比较合适，若高300毫米，会觉得不太舒服；但这个高度对于躺椅或沙发来说却比较合适，见图2-12a；一般的坐凳高约450毫米较好。在图2-12b中，站立的人的重心位置高约1米，这与栏杆的高度有关，若在高处，人倚栏而立，栏杆高度太低，会有“恐高”之感，至少要1米，与人的重心齐高。坐着的人的眼睛高度约1.2米，这与窗的高度有关，若窗子有向外观望的要求，则窗台须低于1.2米。总之，无论室内外空间的形状和大小，无论门窗的位置和尺寸，无论家具和其他部件的大小和布置，都应当从人体尺度出发进行设计。

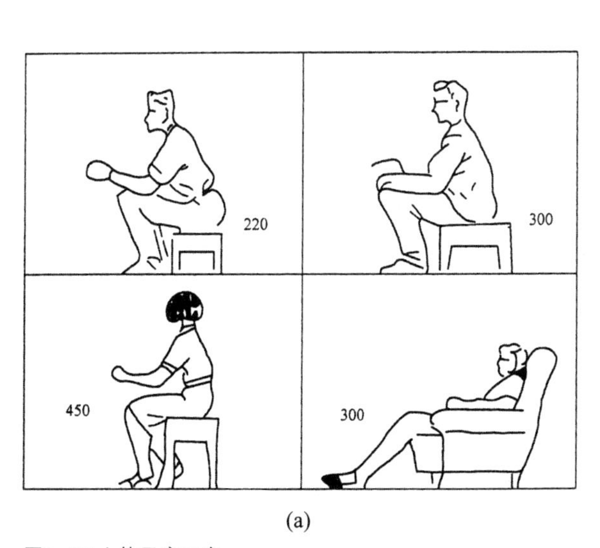

(a)

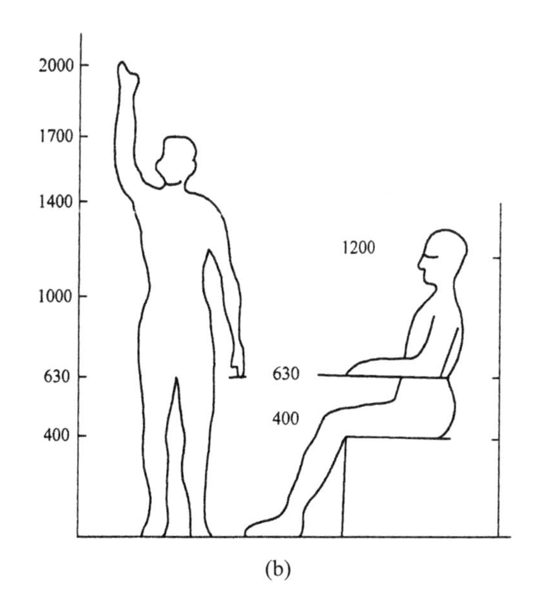

(b)

图2-12 人体尺度示意

我国传统建筑的居住房间，一般也有定数，较大的卧室，一般为3.6米×7.2米，约25平方米，这种房间的形状和大小，满足传统家具的尺度以及传统的生活方式，见图2-13a。从人本身来说，现代人和古代人没有什么尺度变化，但现代家庭的结构和生活方式、家具形式等却起了很大变化，所以现代住宅的卧室的形状和大小又有新的要求，如图2-13b。

有关建筑中的家具形状和大小，在图2-14中列举了一些，读者若要知道更多的，可以参见《建筑设计资料集》。建筑的一些局部尺度，如门的宽度和高度、楼梯的踏步等，则在图2-15中列举了一些。同样，如果想要知道更多的，也可以查阅《建筑设计资料集》。

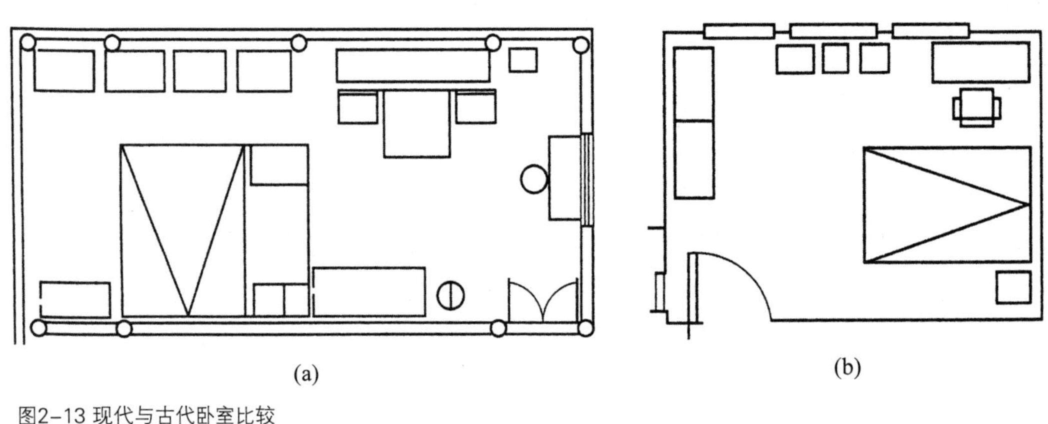

图2-13 现代与古代卧室比较

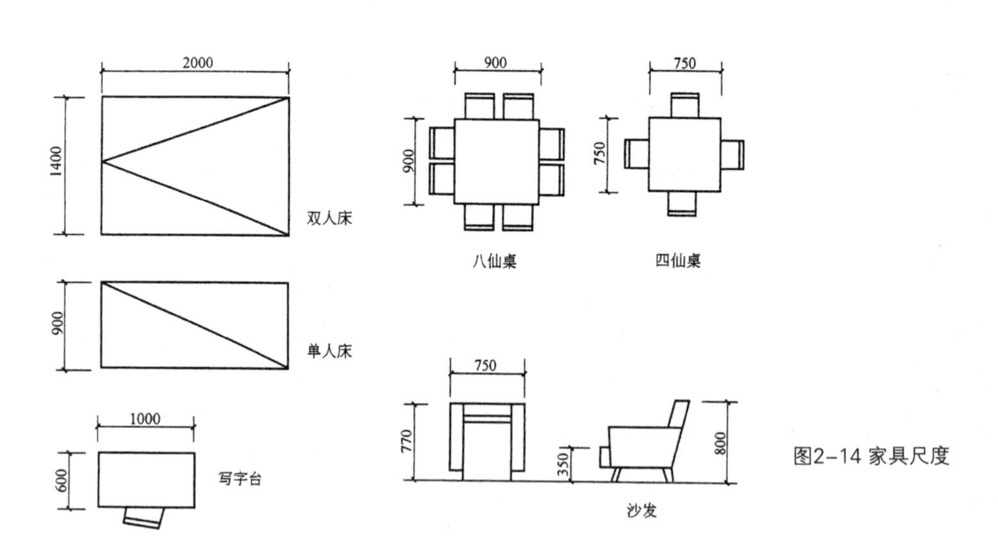

图2-14 家具尺度

（二）

了解人体尺度、家具尺度和建筑中的一些部件的尺度，其目的是如何设计好建筑空间。假如我们把每一间房间都理想地设计出来了，但各房间之间还有序列，房间之间还有一些公共的空间（如走道、院子、进厅、楼梯间、电梯间等等）需设计和安排。对于建筑空间设计来说，这些方面更重要，也更难。我们称这些内容为建筑的空间组群关系。下面举一些类型的例子。

先说幼儿园。幼儿园建筑的设计，对于空间组群分析很有典型性。我们先来看它在使用时人们的活动过程，如图2-16，这是典型的幼儿园活动情况。由于这种活动特征，我们就可以将这些关系排列成图形的关系。这种图在建筑设计中称

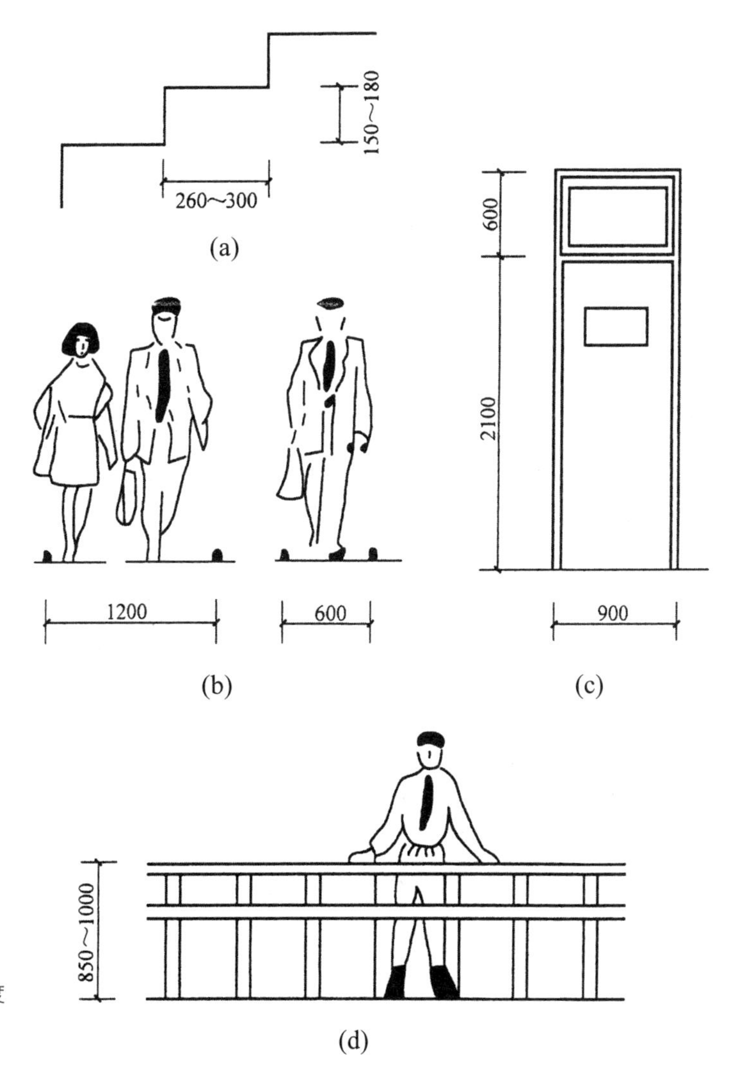

图2-15 建筑局部尺度

为功能分析图。从图中可以看出，它的结构关系是：一条主流线，然后在几个点上分支。这些内容虽相同，但每个点（班）都是独立的，不经过另外的点直接与园的出入口相通。由这种空间组群关系，我们可以得出比较理想的幼儿园建筑方案。图2-17是一个幼儿园建筑实例（平面）。

再说教学楼。如图2-18，每个教室为一个单独的房间，这些房间可以直接与出入口相通，不必经过其他房间，所以它的空间组群关系很简单（见图的下方）。

第三说住宅。图2-19a为功能分析图，b为实例。从这一例子中可以看出，它是以起居室为中心的“一点式”结构，其他每个房间要出入家门，都须经过起居室。这间房间成了一家之枢纽、核心，也是家人团聚的地方。图2-20是独立式住宅的一个实例。

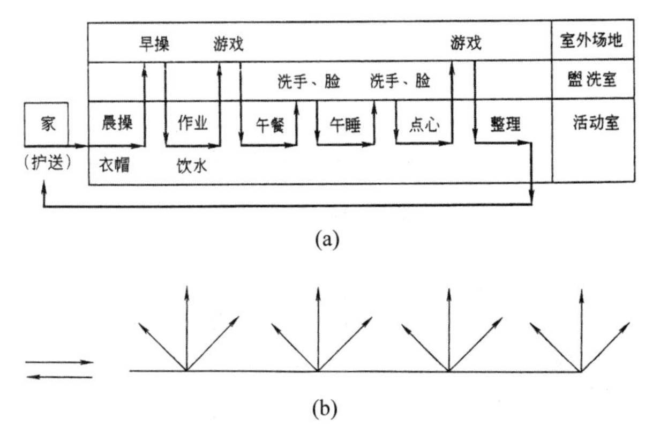

图2-16 幼儿园分析

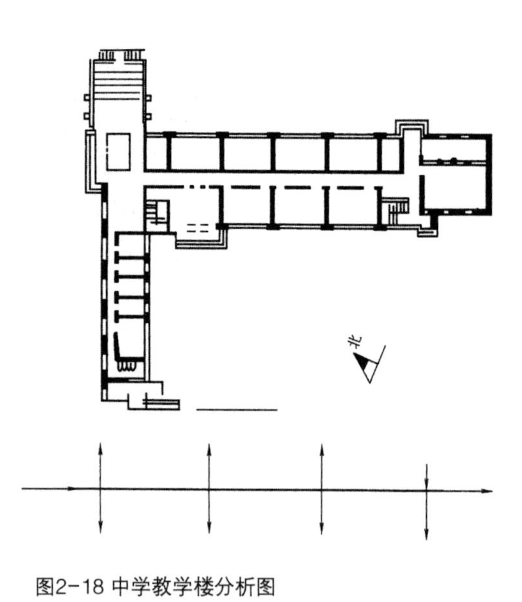

图2-18 中学教学楼分析图

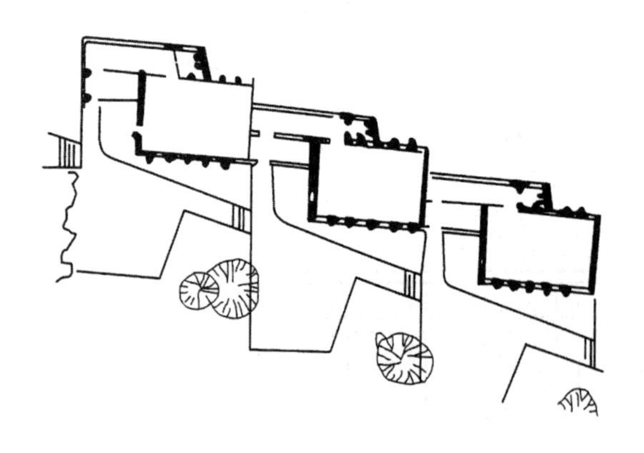

图2-17 幼儿园实例（平面）

（三）

建筑是人为的、人的环境，它的一切都是为了人的需要而设的。对人来说，这种需要可分为生理的和心理的，个人的和社会的，行为的和观念的等。所谓生理要求，也就是要使建筑符合人的生存的基本条件。例如，感官的、肌体的和其他生理上的。人的生理要求涉及视觉、听觉、温觉、平衡觉以及环境的物质形态和空气成分、水、阳光等等。

视觉作为生理要求，在此只说光觉和色觉，当然也涉及形的视觉。我们要说的是光度、眩光性、几何视线、色觉等方面。

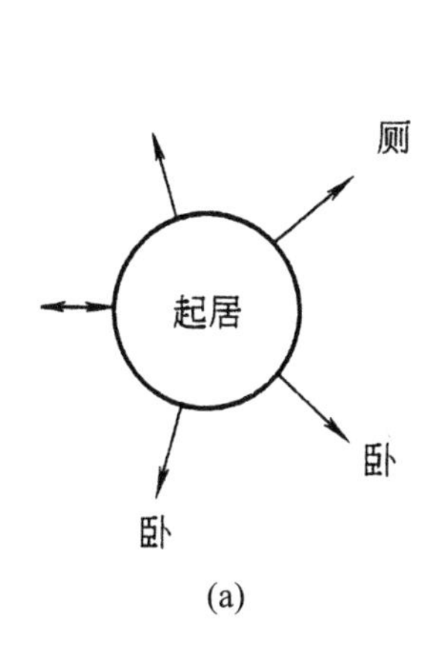

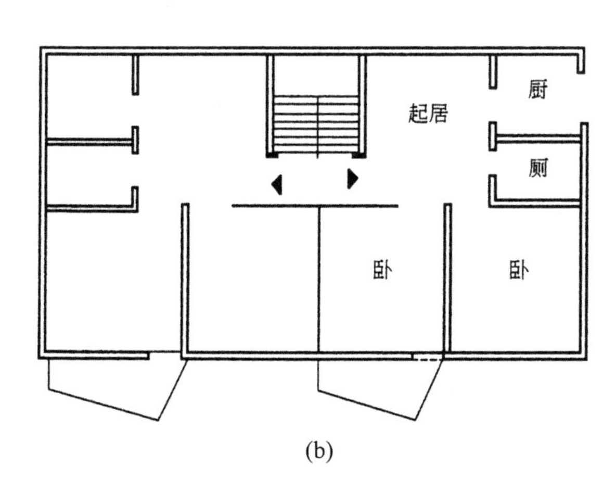

图2-19 居住建筑平面实例

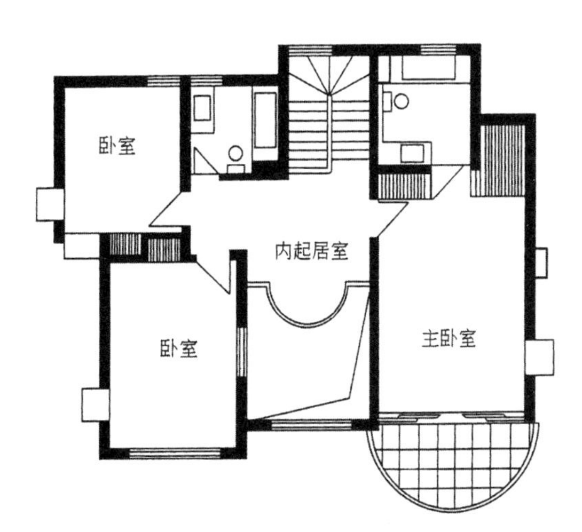

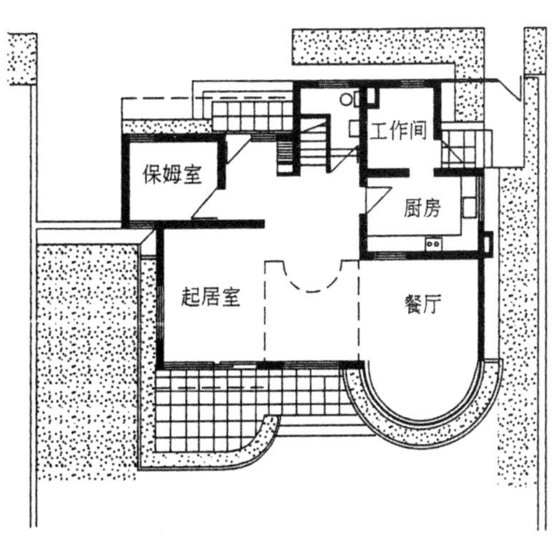

图2-20 独立式住宅实例

光度

人的生理上的性质、特征都是自然形成的，人的所有器官的本领，都是对自然的适应的结果。因此，人对建筑空间中的光线，最好还是利用自然光，白天尽量少用或不用人工照明。这不只是经济问题，更是对人的视觉生理有益。但人对自然光的接受量，有一个最佳值，如果自然光量太少，长期在这种情况下生活、工作，就容易患近视；但如果长期在户外强光下，特别是在强光下看细小的东西，则对视觉也不利，容易产生视力老化。

室内光线的强度，与所开的窗户的面积有关。通常在建筑设计中常用一种最简便的方法来确定室内的合理光量。这种方法是以房间地面的面积与窗户面积的比例来确定的，即窗的面积／房间地面的面积。这个值按房间的用途不同而不同，如表2-3。

窗面积与房间地面面积之比　　表2-3

级　别	面积比	房间用途
Ⅰ	1/5～1/3	制图、手术、光学仪器研磨……
Ⅱ	1/6～1/4	机械加工、阅览、急救……
Ⅲ	1/8～1/6	教室、理发、办公、商店……
Ⅳ	1/10～1/8	书库、剧场休息、起居、车库……
Ⅴ	<1/10	库房、储藏……

但这仅仅是一种简便的方法，其实房间和窗的形状、窗的高度等，都影响室内光线的质量。夜间无自然光，需用人工照明。光源的质量当然影响视觉生理。如白炽灯的光是连续的，但其波长偏黄光波长，所以在这种光源下颜色难以辨准，淡黄色与白色就难以分辨了。日光灯的光波结构接近太阳光谱，但它的光是不连续的，每秒有50次间歇，这种不连续就像放电影一样不被视觉感觉到，但对视觉生理有损害。如今有许多新光源灯具，可以改善照明条件，现在号召大家用节能灯，这种灯不但要比白炽灯省电，而且也克服了原来日光灯的缺点。总之，如何来选择光源，也要进行综合性的考虑。但在建筑的光学设计中，最重要的是照度问题。如果经常在照度不足的情况下工作或学习，则视力会衰退。图2-21就是在照度不足的条件下工作或学习的人与正常人的视力比较，在阅读速度上有明显的差别。

一般说，阅读时所需的照度（书本的表面）为500lx（照度单位：勒克斯），用于休息、交谈等，只需200lx；走道、厕所等更次要的空间，只需50-100lx。这种照度的具体测定和计算方法，属建筑物理学和建筑照明（设备）的内容，所以不再赘述。

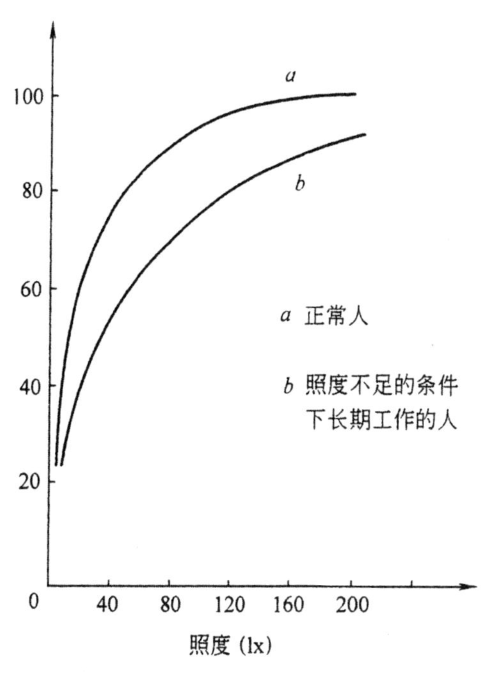

图2-21 照度与视力的关系

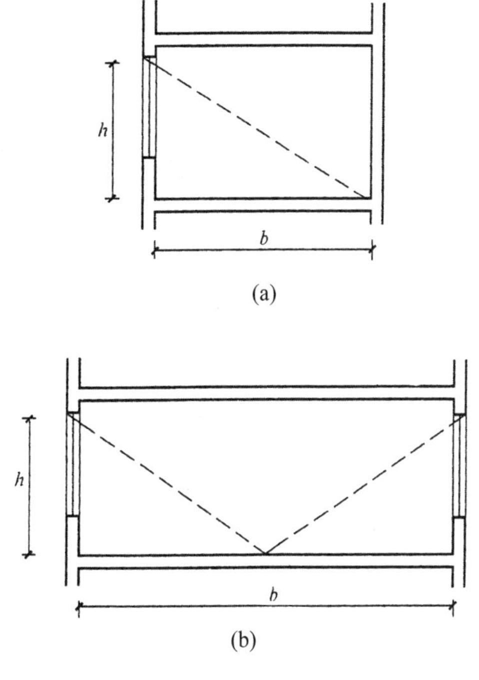

图2-22 室内窗与进深的关系

由于室内空间的形状和窗的形式的关系，所以室内各处的照度不一样，靠近窗口处光线充足，离窗越远，光线越弱。如果房间里的光线明暗差别太大，则说明设计不符合采光要求。如何控制室内光线的均匀性呢？较简便的办法就是控制房间的进深。如图2-22：（a）为单面设窗的房间，这种房间的深度应当小于窗子离地面高度的两倍，即上图的a，即$b \leqslant 2h$；若是两面设窗，则$b \leqslant 4h$（两边窗的高度相同）。

眩光性

有的光源比较柔和，有的则较强烈、刺眼。人能对着亮着的日光灯看，但不能对着亮着的白炽灯看，更不能对着太阳看（日出或日落除外）。眩光就是室内光源的特征之一。如一间较暗的房间，光从一个小窗洞射入，即使不是直射的阳光，也十分刺眼。在展览、陈列室中，眩光问题尤其值得重视。有些陈列品的放置，与采光口挨得很近，由于光度的对比，从而使参观者难以看清陈列品。因此，陈列品与光源之间须隔开。如图2-23，其中的θ称保护角，一般应大于14°。

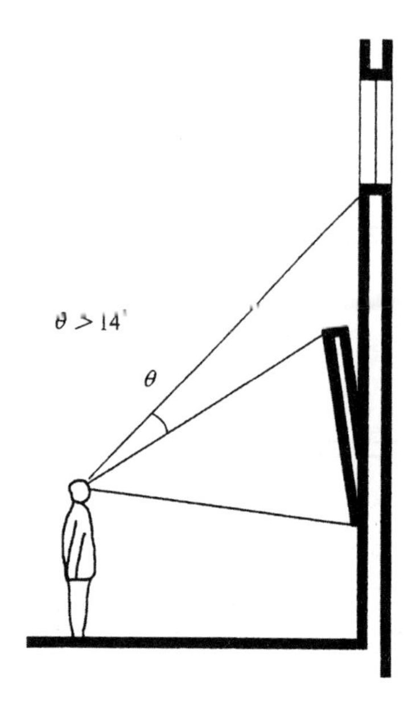

图2-23 眩光的保护角

几何视线

视觉生理虽然不涉及形的视觉问题，但视线的几何质量也应属于此内容。几何视线问题一般可分两类：一类是能否看得见的问题，另一类是能否看得清楚的问题。

在剧院、电影院等观演性建筑中，视线的质量是很重要的。如图2-24，由于后排的观众被前排的观众挡住视线，看不到舞台上演员的表演或银幕上的形象，所以后排的位置要比前排的高（地面升高）。一般来说观众厅的地面都要进行地面升高设计，这就要有一套比较复杂的计算（它不是简单的一个斜坡，而是一条曲线，越是后面，地面的升高越多）。具体的计算法，可参见《建筑设计资料集》。

离视点距离越远，物像的视角越小，其中的细节也就越难分辨。因此，剧院观众厅不能做得太长，否则后排的观众就不能看清台上演员的细节。一般来说演话剧的观众厅，视线长度控制在25米以内，则可以看清楚演员的面部表情，是高兴还是生气等等。电影与话剧有所不同，因为电影中有些细节是用特写镜头来表达的，所以观众的视线可达49米。体育馆的观众视线可以更长，因为观众不必看清运动员的面部表情。一般的体育比赛（如篮球、排球、羽毛球等）只要能看清运动员身上的号码就行了。

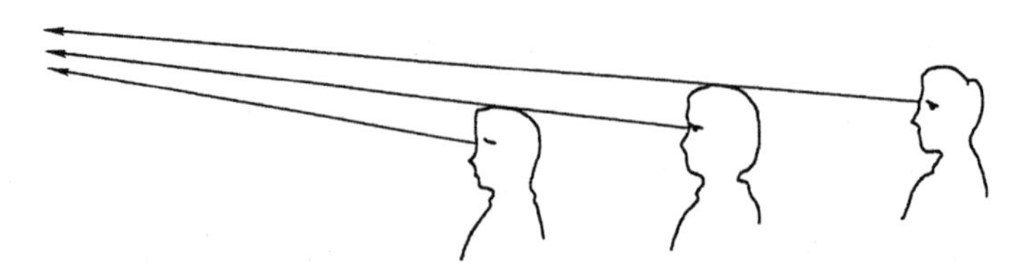

图2-24 观众听众的视线分析

色觉

关于颜色视觉，也有生理和心理之分。色视觉生理对于建筑设计来说只需作简单的了解，着重的是在心理方面。表2-4表明了各种颜色所引起的生理和心理反应。

颜色视觉　　表2-4

级　别	生理反应	心理感受	色　别	生理反应	心理感受
红	激烈	热情、张扬	蓝	深沉	寒冷、深远
黄	刺激性较强	响亮、注意	紫	更深沉	奇特、幽深莫测
绿	平静	安全感、平和			教室、理发、办公、商店……

其次说听觉。建筑与听觉也有一门学科，即建筑物理学中的建筑声学。关于建筑中的听觉问题，生理与心理往往连在一起。大体说，建筑中的听觉问题可分三类：其一是能否听得清楚，这与距离远近、声量大小及空间形状、空间界面（墙、天花板、地面）的材料有关。如有的墙面能产生声音反射，有回声；其二，声的质量，是乐音还是噪音，以及响度的问题；其三，声音的混响问题，这是听音乐时的特殊的声学要求。关于混响，可举一个简单的例子：在户外空旷的地方唱歌，即使你有很好的嗓音，也会觉得单薄甚至沙哑；如果你在一个墙面平整的房间里，唱起歌来一定会很好听，即使你歌唱得一般，却也会洪亮动听。

建筑中的声学问题，最重要的有两方面：一是声音的控制。具体办法有隔音和吸声两种。如广播电台、电视台一类的建筑，其播音、录音间等，要有严格的隔声设计。有些工厂中的车间（如棉纺织厂、毛纺织厂的织造车间等），噪声相当大，不但影响工作，而且影响人的健康（听觉的）。所以要进行吸声处理，主要是利用吸声性能好的建筑材料来做室内墙面和顶棚等。二是有关音质的，这主要是在一些音乐厅、剧场等建筑中须注意，不但要使人们能听得到演员的歌唱、演奏，而且还要求声音的艺术效果，即混响要求。混响是指在很短间隔的时间，声音到达耳朵内，形成这个声音在听觉上的拖长效果，使声音变得浑厚、好听；但两个声音到达耳朵里的间隔时间不能太长，否则就变成了回声，效果适得其反。图2-25是个剧院观众厅的纵向剖面图，歌唱家的歌声，通过直接传导和反射传导两个途径到达听众的耳朵，就有混响效果。建筑设计时，就要设计声音的反射面及其方向。建筑造好以后，还要用声学仪器进行测试，看看效果如何。若不好，就得调整这些面，包括面的材料和方向。

第三说温度和湿度要求。建筑的一个基本目的，是御寒暑、雨雪，因此用理想的维护结构（外墙和屋顶），形成一个冬暖夏凉的空间。原始社会时期虽然房屋造得很简陋，但基本上已能达到冬暖夏凉的效果。有的建筑下部架空，以防止潮气侵入室内，有损身体健康。我国西南地区的干阑式住宅，就是如此做的。北方寒冷地区的房子，一般外墙的厚度几乎都在一砖半（370毫米）以上，这在墙的坚固性上已远远超出要求（一砖厚就够了），但正是为了冬季的御寒要求，所以把墙加厚。

现代建筑利用各种技术手段来达到建筑的温度和湿度要求。人工空调设备的应用，使人们在夏天感到室内凉爽舒适。但据研究，人工空调环境对人的生理来说并不是绝对有利的，据研究，假如人长期生活在人工空调环境里，其鼻窦炎的发病率要比在自然空间里的人高出五倍以上！生理需要，有的会在心理层面上使人感觉到，但好多生理上的需要，人却无法感受到，这就需要进行科学的分析研究。随着科学技术的发展，人总会创造出对自己更有利的环境。

第四是日照。在屋子里能晒到太阳，冬天住在里面能暖和些。日光对人有好处，能杀灭细菌，所以有“日光浴”之称。据规范要求，住宅的建造，在主要的房间（如卧室、客厅等）内，冬至那天必须能晒到2小时的太阳（指朝南的房间）。因此，就有房子与房子之间的间距问题。如图2-26，后面的房子受到前面房子的遮挡，所以要有适当的间距。这个间距与太阳的高度角有关。如上海地区冬至那天的太阳高度角为31°，设两房子之间的间距为d，高度角为θ，前排房子高度为d，则$d=h/\tan\theta=1.41h$，也就是说，上海地区的住宅间距要求是前排房子高度的1.41倍。若房子高10米，则其间距要求为14.1米。但目前住宅建筑密度远远达不到这个值，现在的法定值为1.1倍。设计人员想要在有限的基地上多造些房子，但又符合日照要求，便设计成如图2-27的形式。

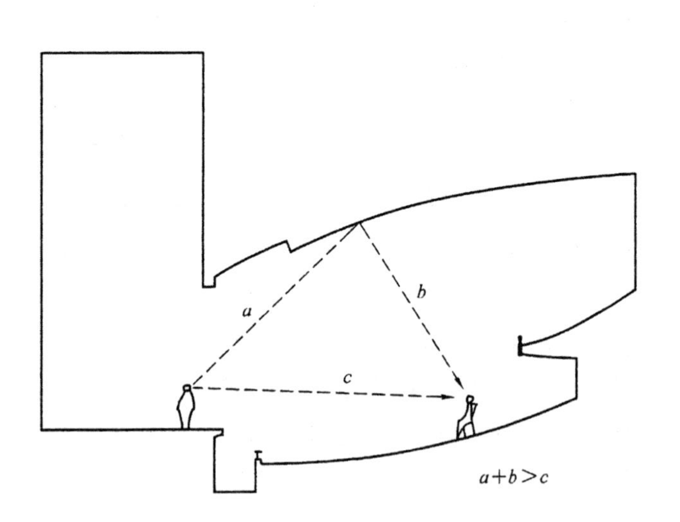

图2-25 剧院观众厅的声学分析

其他如平衡觉、空气成分等生理要求，不在此赘述了。总之，建筑必须首先注意到人的这些最基本的需求，即合理要求。这些要求对于现代建筑来说显得特别重要，我们从事建筑设计的人，必须重视这些方面。有些内容虽然可以查表得到所要的数据，但建筑师还应当会综合处理，妥善安排、调整，以满足人们的需求。

2.4 建筑与人的精神活动需求

（一）

建筑不仅要满足人的各种物质活动需求，同时还要满足人的精神活动需求。但无论是物质的还是精神的需求，都归纳到建筑的物质性之中。

建筑不同于动物的巢穴，精神需求也正是区别建筑与巢穴之所在。建筑要满足人的心理需求，包括基础性心理活动和高级心理活动两方面。基础性心理活动与生理活动联系在一起，如视觉、听觉、触觉等等。高级心理活动涉及人的观念形态方面的内容，如感情、道德、人品及其他艺术文化方面的内容，人的许多社会文化层面上的内容均属于此。

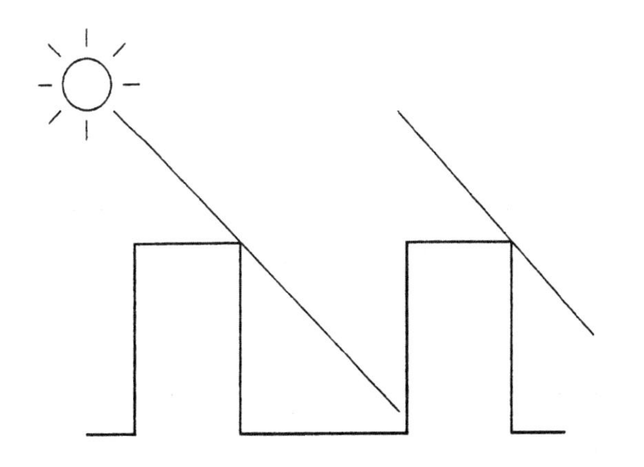

图2-26 建筑日照分析

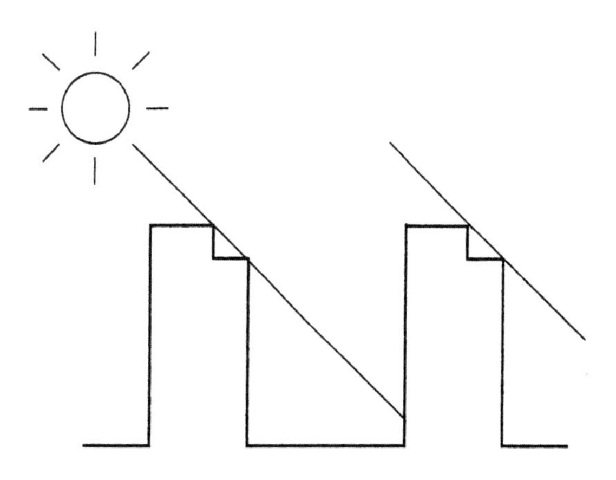

图2-27 建筑日照分析设计

人的心理活动可以分为几个层次，我们可以把这些心理活动层次排列起来，见表2-5。

分层次的心理活动　　表2-5

生理活动	基础性心理活动	高级心理活动
生理	感觉-知觉＜思维、判断	感情 哲学、逻辑 意志 美学、艺术 品质 科技、创造

（二）

高级心理活动对建筑的需求，大致有这几方面：安全需求、私密性需求、交往需求、招徕和展示需求、纪念性需求、陶冶心灵需求。

先说基础性心理需求。

在一间屋子里，窗户的设置方式对人的感觉来说很有讲究。如图2-28所示，如果窗户开得高，如图中的a，屋子里面与外界就隔绝了视觉信息，在屋子里的人会是怎样的心情呢？显然会觉得很闭塞；如果窗户开得低，如图中的b，这时屋子里的人感觉就与前面不同了，会感到开放、自在；如果连墙也没有，只有屋顶和柱子，如图中的c，这时的情况又会怎样？人在里面，不仅能见到外面的东西，而且还可以自由地出入这个空间，则又是另一种心态了。空间与外界既分又合，达到共容、自在。亭子、雨篷等都是这种空间形式。

一般三层以上的房子，当我们站在屋顶的边缘时，如果边上没有栏杆作围护，会感到怵然，不同于站在平地或高差不大的高处。围护物的高度，与人的重心有关（人体的中心大约在自己的肚脐处）。低于人的重心的护栏，当建筑物升高到一定的高度，人就会觉得有些害怕，越高越害怕。

一个居住小区，如果房子作兵营式的排列，如图2-29a，你会找不到你要去的那家人家。有时甚至连自己的家也会走错。依靠门牌编号来识别不可取，也不是

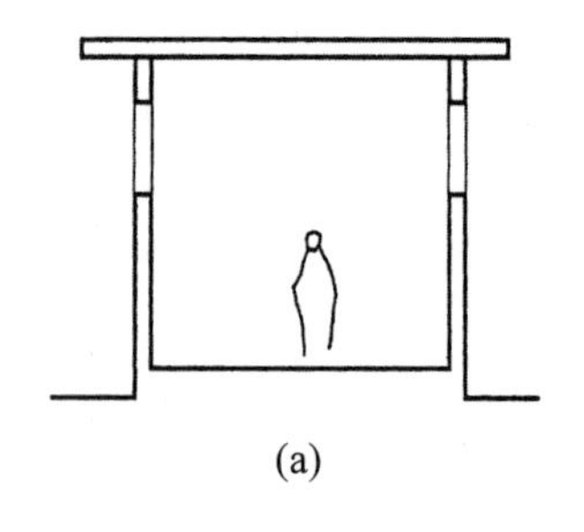

(a)

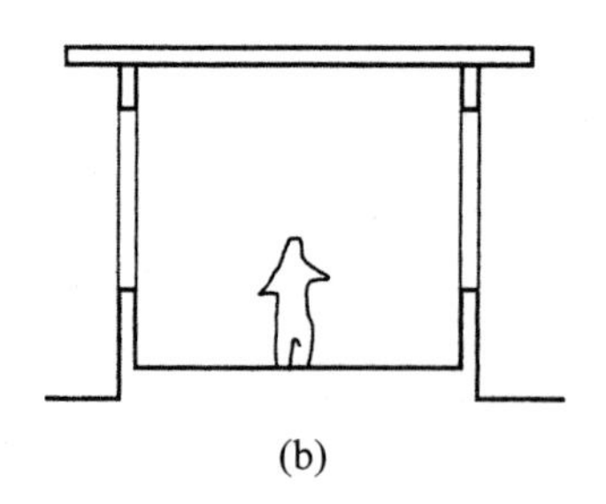

(b)

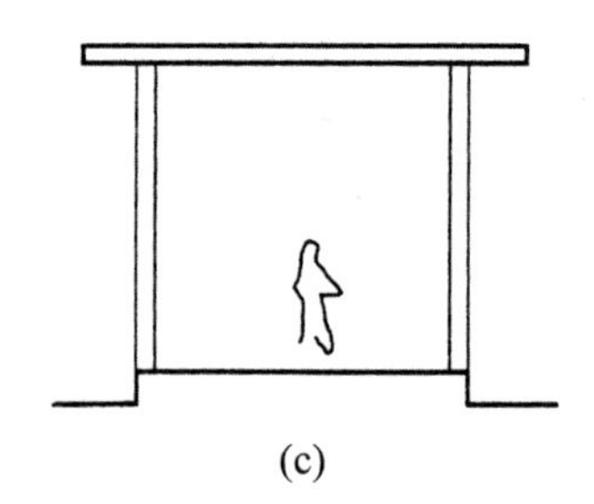

(c)

图2-28 窗的分析

建筑设计的内容。最好是在建筑布局和建筑形象上作处理。图2-29b和c是规划布局中的做法，每排相同的建筑不能多于5个。这种有关数量的心理特征，也可以在规划布局中应用。

室内空间的形状，对人的心理影响很大，如图2-30，其中a是较小的空间，给人一种亲切和可居感，有安定、舒适之感；b是中等大小的空间，作为人数不甚多（约30人以内）时的人际交往场所较合适，如教室、小会议室等，其面积约60-100平方米；其中c是大空间，又高又大，能使人感到建筑之伟大，人群之众多，或者还会觉得自我之渺小；或者反之，在众多人聚集之时会产生兴奋、活跃、热烈之感，其面积约在300平方米以上；其中d是大而低矮的空间，一般说这种空间形状不可取，给人有压抑之感；e是特别高的空间，如哥特式教堂中的大厅，给人有神圣之感，具有宗教神秘性；f是半球形空间，给人有遨游太空之感，自己好像是在天际，我国古代有“天圆地方”之说，这也许是符合人类心理的吧。

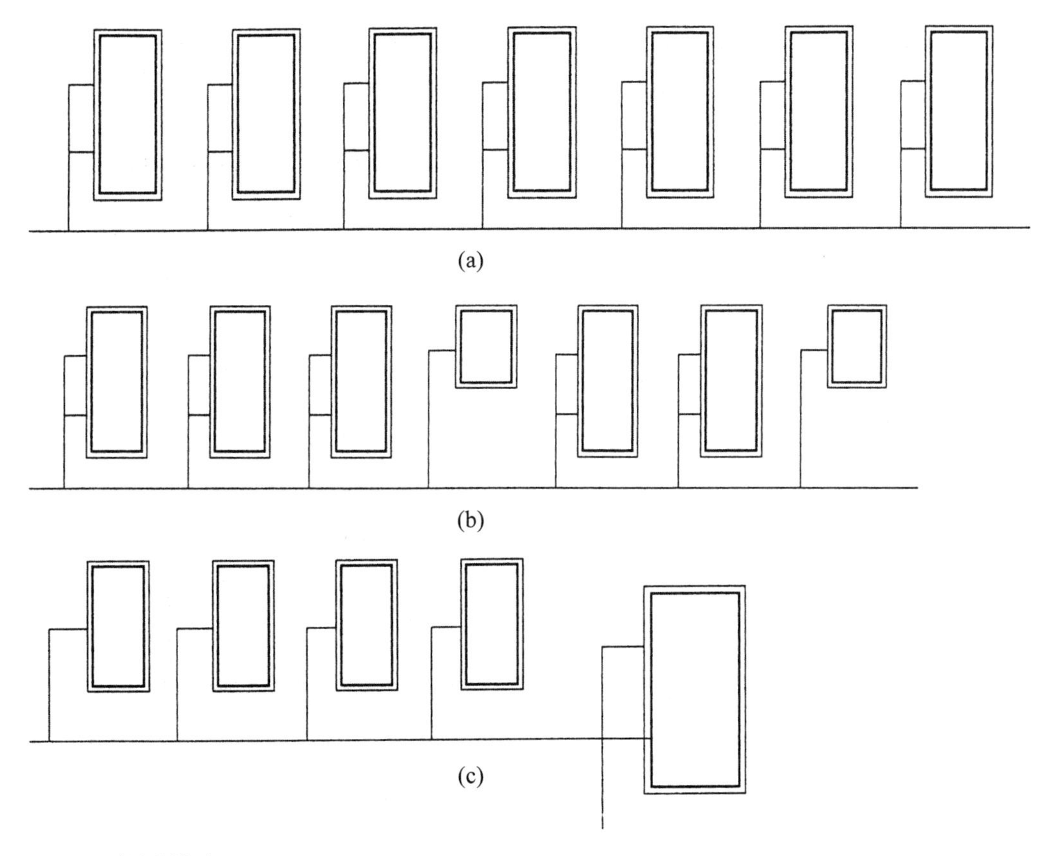

图2-29 建筑的排列

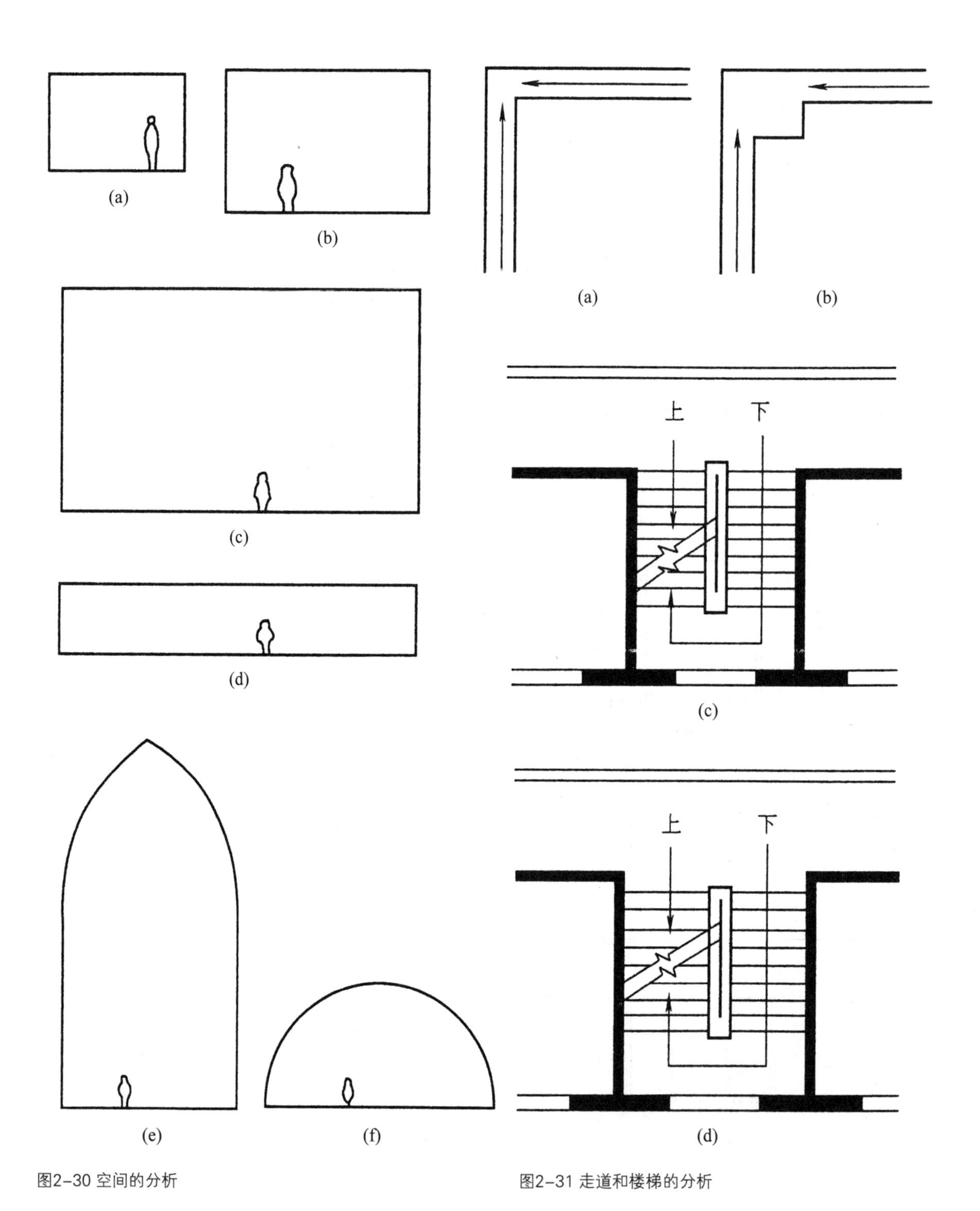

图2-30 空间的分析

图2-31 走道和楼梯的分析

有些空间处理影响到设计的优劣。如走廊的转角，设计成图2-31a的形状（平面图），则人在急速行走时往往会互相碰撞。若处理成b的形式，则两人在相向行走时就能较早见到对方，可互相避让。c和d是两个楼梯的平面图，人上下楼梯时要发生交汇，如c图。如果做成d的形式，则情况就会改善，这就叫缓冲。以上说的都是建筑的基础性心理需求。

（三）

图2-32是三个雨篷，一般都会觉得b是较合适的一种。这与安全感有关。当然a的缺点在于不实用，出挑太少，起不到挡雨的作用，c则显然会使人感到害怕、不安全，那雨篷说不定会掉下来，所以不敢在雨篷下逗留。所谓安全感，就有某种高级心理活动的成分。例如在这种雨篷下，会引起人许多联想：这雨篷是否会掉下来，是否会压伤人等等。但这也许只是一种形式，其实不会掉下来，只是引起某种心理效果。这也可能是设计者故意开个玩笑。但建筑以实用为主，玩笑不宜开。

卧室如果不做房门，也许居住在里面的人会整夜不得安宁，总担心什么时候会有人进来。这看来是安全问题，但它已上升到更高一个层次，即私密性需求。人在生活活动中有许多内容有私密性要求，无论起居、工作或学习。私密性不只是属于单个人的，有时两三个人，或一个家庭，也有私密性，所谓家丑不可外扬。一个班级30个同学，也不希望外界了解他们所不愿让人家知道的事。建筑，也应当满足这种心理需求。

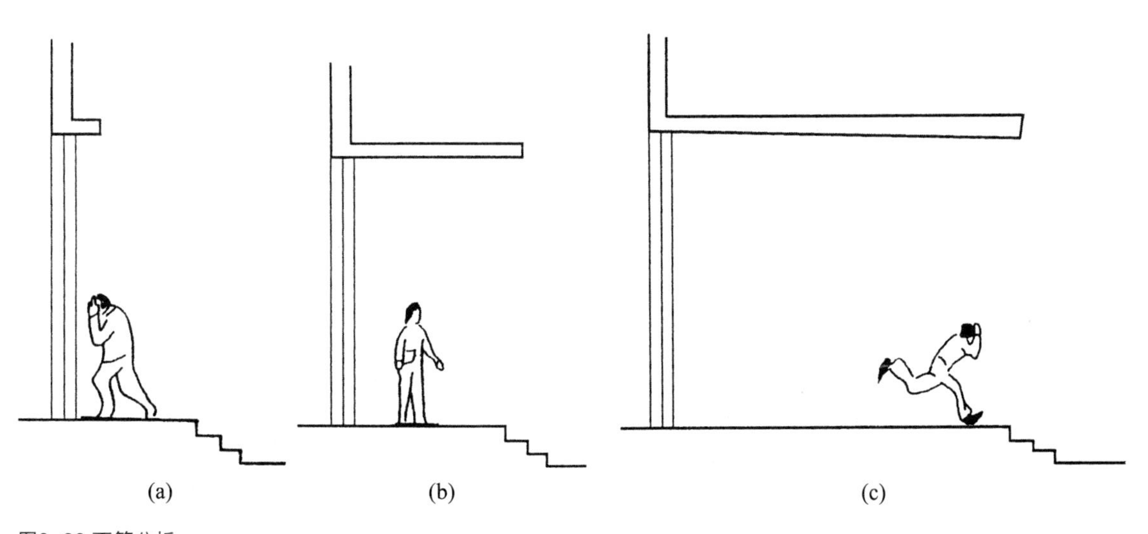

图2-32 雨篷分析

20世纪50年代，美国伊利诺伊州建造了一座别墅——凡斯沃斯住宅，设计者密斯为了实践空间的“净化”理论，因此把这座建筑设计成视线开敞性的，除了厕所、浴室等房间外，几乎所有的房间都用透明玻璃墙面，从外观其内，一目了然（图2-33）。居住者在室内的大量活动，无法拥有私密性。这座建筑后来没人住。

（四）

按照心理需求层次，在建筑的私密性要求的另一面，则是交往需求。众所周知，人是社会的人，个人的心理活动与人际交往的需求也就集中地在建筑上表现出来了。在建筑中，往往以私密性和交往性这两种不同的心理需求来安排和处理空间。如图2-34，这是一座独立式的住宅，设计者巧妙地布置了起居室，使这个空间既分又合，空间有流动感。人处在这个空间中，似乎会感到很自然地处在人际之中。就餐、交谈、娱乐、阅读以及工作等等，都恰如其分地占有各自空间，但相互之间又似乎联系在一起。住宅中的起居室，剧场中的休息室，车站中的候车室，旅馆中的休息大厅等等，都应当注重人际交往方面的空间处理。这就是建筑空间的交往层次。

美国当代著名建筑师约翰·波特曼提出“共享空间”、“人看人”等理论，就是为了满足这种心理需求提出来的。他所设计的几个大型旅馆，如旧金山的海特摄政旅馆的中庭、亚特兰大桃树广场旅馆的中庭、洛杉矶波拿文彻旅馆的中庭等等，都给人创造着这种交往条件。如今已进入信息时代，这个时代也给人们带来

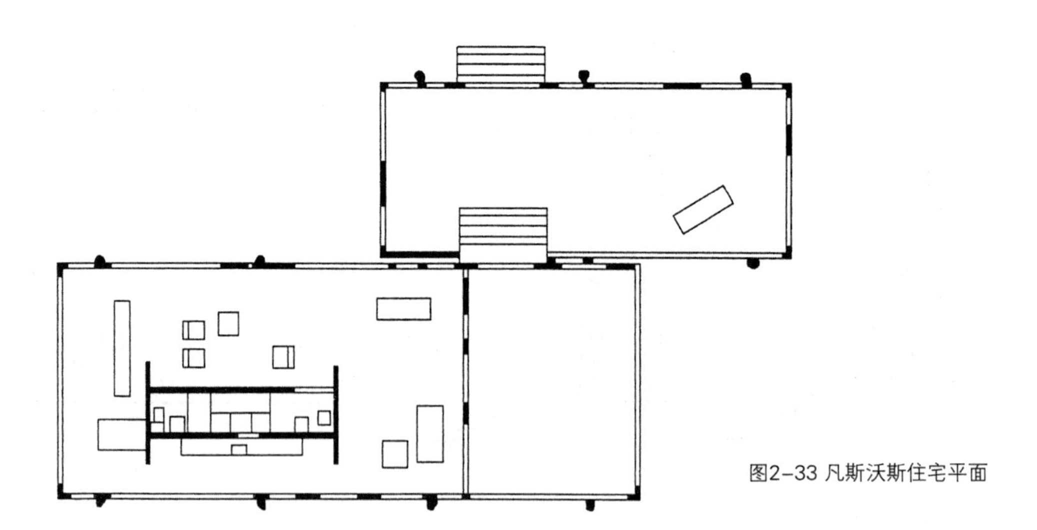

图2-33 凡斯沃斯住宅平面

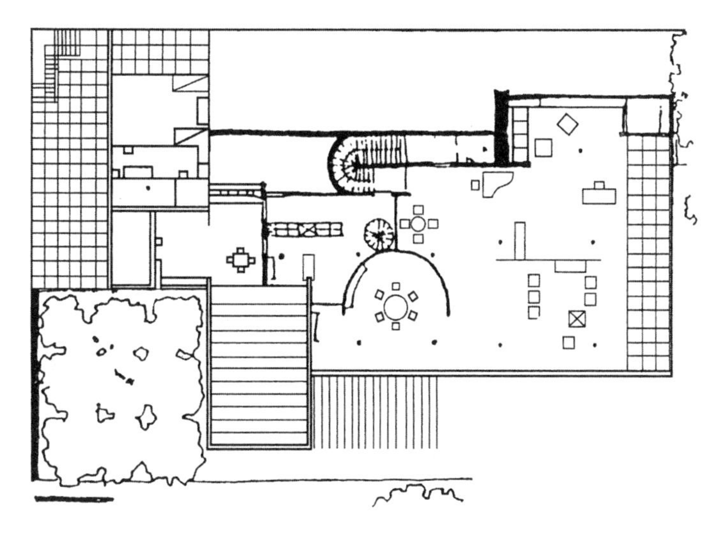

图2-34 某住宅平面

新的审美观，即要尽量了解他人，在了解和交往中使自己变得更完善，从而形成一种时代的形式。约翰·波特曼的共享空间就这样应运而生。

近年来，我国也在许多旅馆中采用这种形式，如广州的白天鹅宾馆，北京的长城饭店，上海的银河宾馆、金茂大厦等等，也都有中庭空间。

人际交往的要求可归纳为三点：一是人与人的相互了解，这是最基本的。要做到这一点，空间（中庭内的各部分空间）必须是相互开放的，即你能见到我，我也能见到你，而且可以走来走去；二是人与人相互尊重，故空间的布局不同于宫廷建筑的布局，讲究论资排辈，而是相互平等的，各个空间没有什么高低贵贱的感觉；三是人与人相互学习和模仿，不带任何强制性。现时代的精神，有分有合，不是封闭的，也不只是一个大空间，这种空间的感觉，就要靠设计者的匠心了。

（五）

再往上一个心理需求层次是招徕和展示。这个层次和前面讲的交往需求相近，也是人际的；但招徕和展示是指空间的一方而言，把这个建筑作为主方，在它之外则为客方、对象。展览、陈列性建筑，商业性建筑等，这类建筑的心理需求最为典型。有许多商店的门面，都设有橱窗，介绍本店的商品，招徕顾客。展览馆虽不同于商店，但它的外形同样要求引人注目，人们能知道展览会里有些什么内容，他是否感兴趣。展览会用来展览各种工农业产品及其他如科技、教育、体育、卫生、文艺等方面的成就。这说明展览会有经营性，展览会上要进行交易。2010年上海世博会，全世界许许多多国家和地区、部门等都来参展，展示他们的特色、成就和优秀产品，各国形式五花八门，个个标新立异。可以说，上海世博会的建筑是1851年世博会创办以来形式最多样、规模最庞大、数量最繁多、建造最成功的一次！

展览馆与陈列馆，从内容功能来说有许多相似之处，展览品布置出来，人们一一参观。陈列馆中的陈列品放置着，让人们参观、瞻仰。但展览馆里的展览品，既让人参观、品评，同时也做交易。因此展览性建筑与陈列性建筑就有质的不同。展览性建筑往往变化多，形象醒目突出，吸引人。例如，1958年布鲁塞尔世界博览会的苏联馆，以巨大的体量、新型的结构、新型的材料和奇特的造型而受人注意，曾轰动一时（图2-35）。法国馆则更妙，用的也是新结构（两个双曲悬索屋顶组合起来），造型非常特别。

有许多商业建筑，在形式上别出心裁。商店的沿街立面，一般说是商业竞争的“用武之地”，多用强烈的形象、色彩，显现出与众不同的个性，以吸引人们去光顾，图2-36就是这类建筑立面实例。在处理这些形象时，设计者必须抓住人们的心理特点，如怎样来引起人们的注意，怎样以最简捷的方法介绍该店有什么商品，乃至质量的高低，也能通过视觉形象反映出来。例如熟食店的门面，应做得简洁、干净，使人们首先有个清洁卫生的好印象，而且由于熟食品众多，形象琐碎，所以建筑不宜装饰过多，应以直接为上，突出商品。

图2-35 苏联展览馆

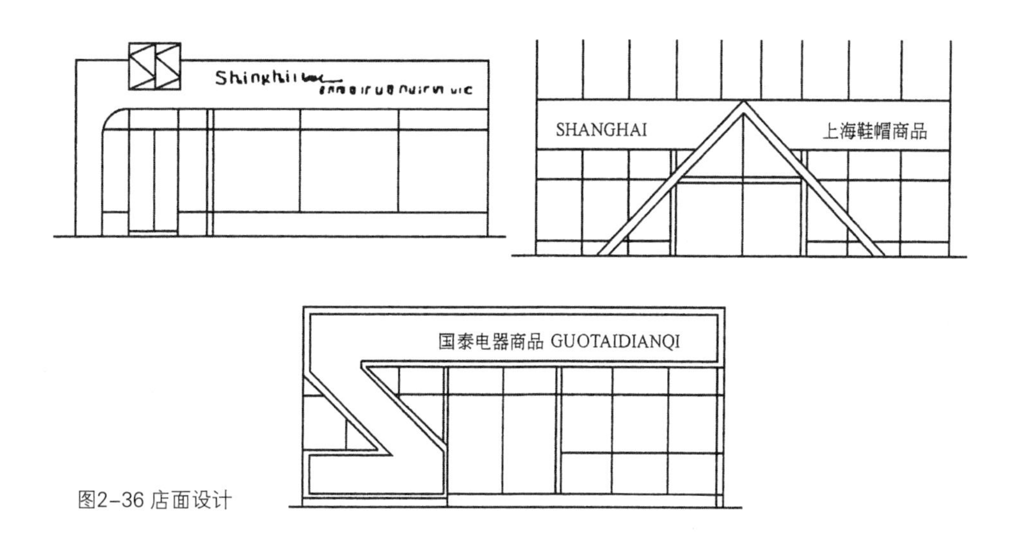

图2-36 店面设计

（六）

更上面的一个心理需求层次是纪念性。纪念性，也是希望人们到这里来，但它不同于展览会、商场之类，而是一种严肃的、带有尊敬和怀念之情的场所。纪念性还显示出永久性，不同于展览会，从开幕到结束，时间不会太长，也不像商业性的，老是翻新。

纪念性的心理需求也是一种古老的心理需求，早在原始时代，人们就以各种形式来纪念逝去的人，或纪念神祇。图2-37a是法国布列塔尼地方的一个原始时代的石台，即陵墓。在辽宁省海城，有巨石建筑，如图2-37b，它与前者形式不同，但性质相同。

一个民族，从它形成开始，总有某种偶像，使这个民族的人团结在它的周围。从原始氏族社会的单石到至今仍矗立在北京天安门前的华表（图2-38），都是有纪念性意义的建筑物。

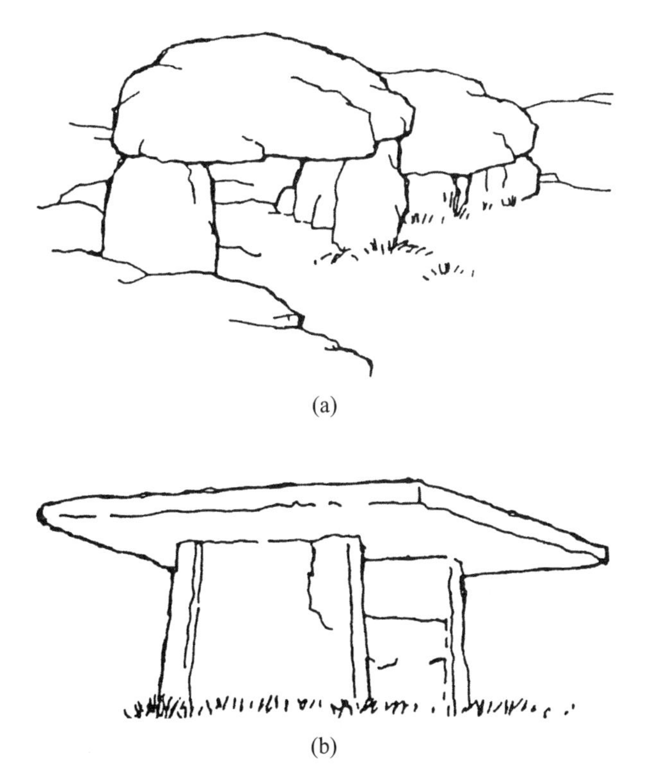

图2-37 史前时代的墓

典型的纪念性建筑是纪念碑和纪念馆一类的建筑，它的纪念对象是人（一个人或一群人)。古罗马的纪功柱、凯旋门以及纪念碑等，都是这类建筑（图2-39）。

纪念性建筑有两个主要特征：一是庄重，二是有感情。

庄重的纪念性建筑，其表达重在德和志，尊重和敬仰，因此这种形式往往追求高直形式，体量巨大，给人以崇高之感。例如南京的渡江胜利纪念碑（图2-40），这个纪念碑的设计意图是要体现出百万雄师渡长江的壮丽场景，体现出解放战争的伟大胜利，体现出人民解放军攻无不克、战无不胜的雄伟气势。因此，碑的形象采用直立的高大形象。当然，这里也用了一些象征手法，如碑身用两片好像船帆的形象（用钢筋混凝土做成），象征解放军战士用木帆船渡江的场景。

图2-38 华表

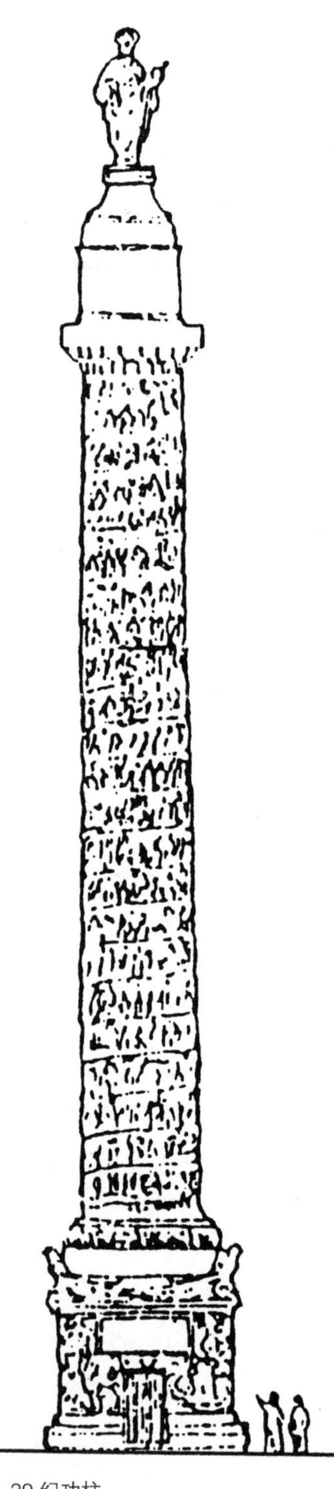

图2-39 纪功柱

巴黎的埃菲尔铁塔，也是个“纪念塔”，建于1889年，它有两个意义：一是当时在巴黎举办世界博览会，以此作为博览会的标志；二是纪念法国大革命100周年。事实上，这个建筑的形象，确实有庄重气氛，如图2-41所示，它给人以向上伸展之感。塔高320米，从它的形状和体量来说，都能给人以崇高之感。

关于情感的表述，我们可以用日本的藤泽市鹄召的聂耳纪念碑为例，这个形象看起来那么平易近人，又令人沉思，面对大海，遥念自己的祖国——中国。这就是情感，也是纪念的，它的建筑外形特征不同于庄严崇高的纪念碑形式，见图2-42。

纪念性建筑往往以视觉形象来产生某种心理效应，如直立形体的崇高性等等。密斯·凡·德·罗的李卜克纳西——卢森堡纪念碑，用砖墙的形式来表现，它寓意这两位烈士是在墙脚下英勇就义的。墙的强烈的凹凸形，增加了情绪的激荡。这个形象也达到纪念性的效果（图2-43）。有的纪念碑，用五角星来象征党，用火炬来象征革命，用旗帜来象征胜利等等，当然也可以，但如果只有这么一些形象，千篇一律，未免落套。纪念性建筑是较难做好的，因为它既要有思想高度，又要有艺术造型的独到之处。

图2-40 渡江胜利纪念碑

图2-41 埃菲尔铁塔

最后，即最高的心理需求层次：陶冶心灵。

无论什么建筑，它的艺术造型的目的就是纯粹的审美，或者说纯粹的形式美。显然，这是从审美出发来进行设计。造型本身与功能无关。从人的心理活动需求来说，也就是起到陶冶心灵的作用。

所谓建筑艺术，它的目的不是人际交往，不是招徕和展示，也不是纪念性，而是审美，纯粹给人以美的享受。美国匹茨堡市郊的流水别墅（图2-44），以它的形象以及与周围自然环境的和谐，给人一种美的享受。这种心理的作用正是陶冶心灵，或者用我国古代的美学词汇来说，就是畅神。南朝画家宗炳说："神之所畅，孰有先焉。"意思是说，"畅神"就是缘由、目的，除此之外就没有其他的目的了。绘画、雕塑、园林等都是如此。我们见到这个形象，不需要解释就能感受到它的美。

这座建筑的功能是供人居住的，它的本来目的不是审美，而是实用；真正的旨在陶冶心灵的建筑有没有呢？这就是园林建筑了。如苏州的许多私家园林、杭州西湖边上的许多用以观赏的建筑等等。这些建筑的主要目的，才真正陶冶心灵。

苏州园林美在何处？正是美在陶冶心灵。这种境界，令人畅神。如苏州拙政园，建筑布局紧凑，比例适度，造型匀称。建筑与林木、花草、水面等自然物和谐得体。杭州西湖多自然性建筑（包括塔、桥、亭、堤等），融于自然之中，产生美的构图。山峦屋宇，高低错落，远近景物，层次分明，色调淡雅、抒情。景物绰约多姿，美不胜收。

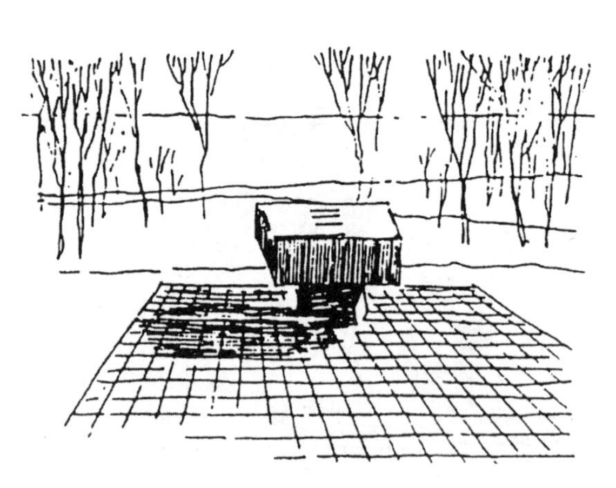

图2-42 聂耳纪念碑

图2-43 李卜克纳西—卢森堡纪念碑

图2-44 流水别墅

复习思考题

第一章至第二章

1.建筑有哪些基本属性?

2.建筑的受力，除了建筑自身的重力外，还受到哪些外来的力?

3.大空间建筑的屋顶有哪些新的结构形式?

4.目前一般的建筑材料有哪几种?

5.在现代施工技术中，什么叫滑模法?什么叫顶升法?

6.建筑设备包括哪几方面?

7.建筑声学包括哪三大类内容?

8.建筑声学在观演性建筑中有哪些要求?

9.在建筑的照度要求中，窗的大小与房间的地面面积有什么关系?

10.房间的窗子高度与房间的深度有什么关系?

11.在观演性建筑中怎样进行视线设计?请作简单说明。

12.建筑的日照要求怎么确定?

第三章

建筑的社会文化性

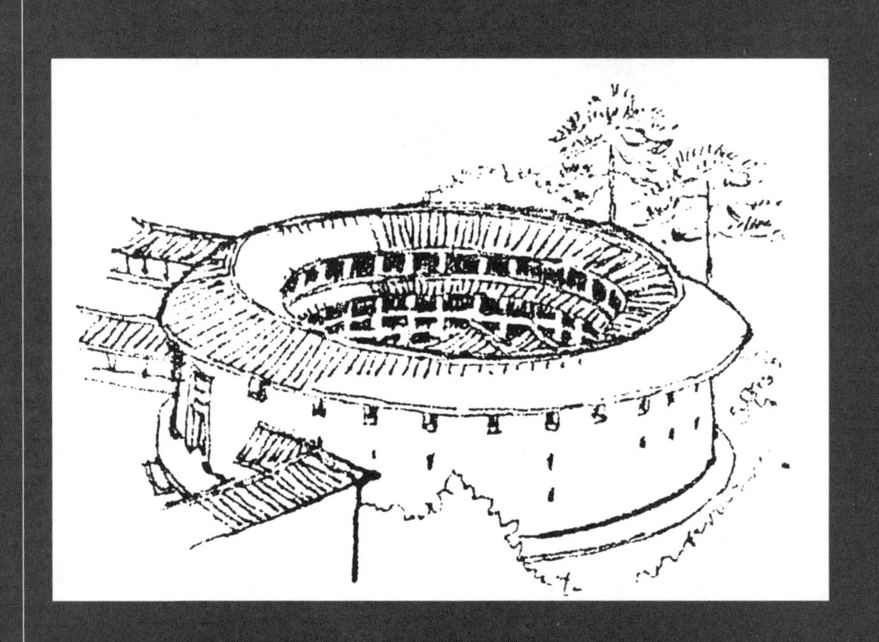

3.1 建筑的民族性和地域性

（一）

建筑，不应当只看作是一个工程技术对象，当然也不应只看作是一个艺术对象，建筑更是一个社会文化对象。建筑的社会文化性，我们通过它的民族性和地域性、历史性和时代性等方面来认识。

不同的民族有不同的宗教和伦理形态，这些不同就在建筑上表现出来。同时，建筑又提供着各种民族的这些方面的需要。如在欧洲，从中世纪开始，出现了东正教和天主教，反映在教堂建筑上，就表现出两者明显的不同。我国汉族地区的建筑，与藏、蒙、维吾尔、傣、佤等族的建筑，在形式上差别很明显。

在同一个民族之中，建筑形态也会有所不同，如我国汉族地区，不同地方就有不同形式的建筑。以住宅为例，四川的、北京的、江苏的、湖北的、安徽的，这些民居虽都是汉族的，但其形式都不相同，如图3-1。这种不同，其原因主要是自然条件，如气候、地貌、生态、自然资源等方面的差异。这些差异形成生活方式的不同，从而就形成了建筑形态上的不同。凡是一个民族中各地的自然条件差别越多，这个民族中的地方特征（差异）也就越明显。我国汉族各地的建筑形式的差异就是个最好的实例。

建筑的地域性差别的原因可以归纳为主客观两方面。其客观因素为：社会的结构性特征和经济形态，人们的生活方式和风俗习惯，社会经济条件和技术水平，以及它与相邻地区的交往程度。

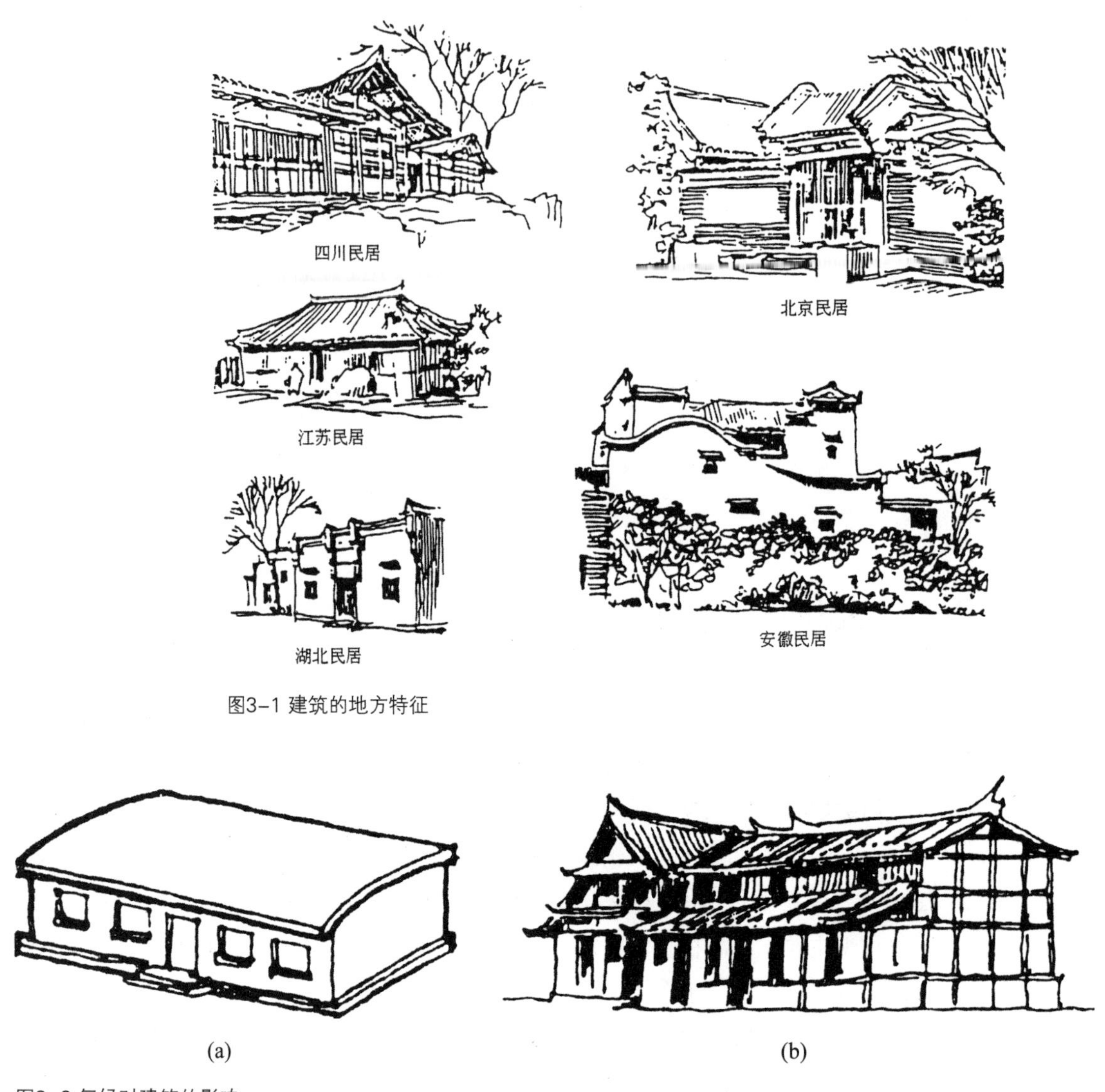

图3-1 建筑的地方特征

(a) (b)

图3-2 气候对建筑的影响

先说气候条件。我国北方有些地区，其屋顶形状坡度比较平，如图3-2a的形式，称屯顶。因为当地气候较干燥，很少下雨，所以屋顶排水、防水等考虑得较少。相反，雨水较多的长江以南地区，须注意排水。这里的传统建筑，一般用坡度较陡的屋顶，如图3-2b。屋顶的面层铺小青瓦。

冬天如遇大雪，屋面上会积雪，雪若积得太厚，屋顶有可能支撑不住，因此在冬天多雪的地区，就将屋顶造得很尖，雪不易积厚。如北欧的传统民居，见图3-3a。炎热地区的建筑当然不必考虑这个因素；但这里的夏季特别长，气温也特

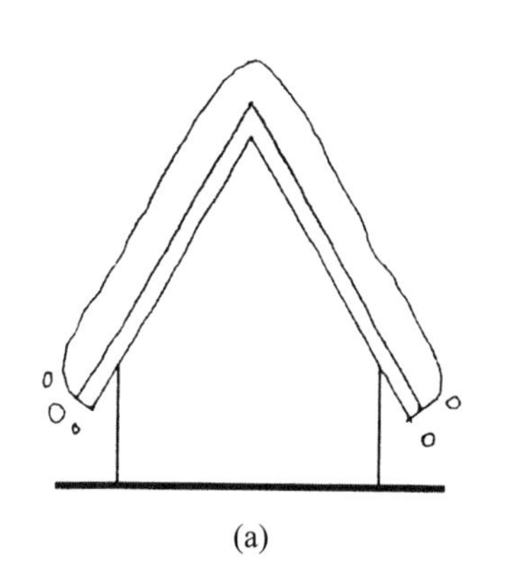

(a)

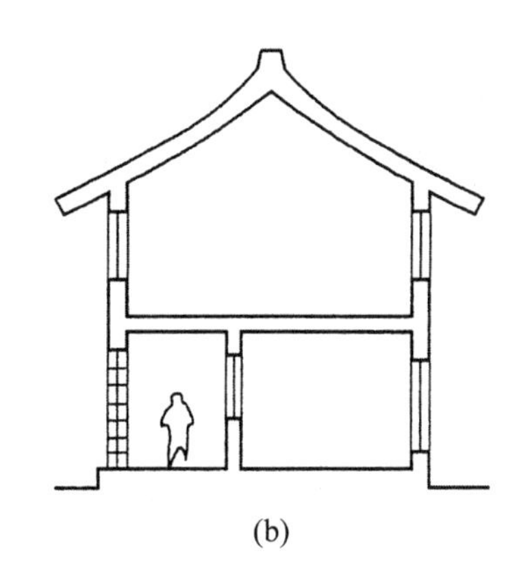

(b)

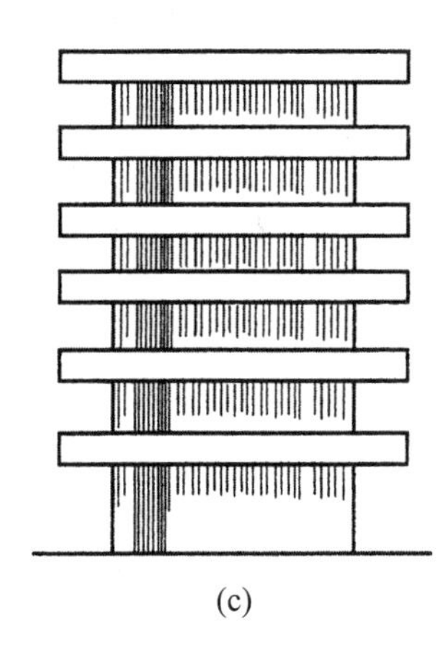

(c)

图3-3 建筑形式与地域性

别高，在阳光照耀下人会受不了，所以屋子里不希望阳光直射进去。主要的办法是将屋檐出挑，或用挑廊，图3-3b就是炎热地区的现代建筑。传统建筑多设廊子，使户外的热空气隔着一层廊子作过渡，室内就凉快多了。我国广东等地多在沿街设廊，让行人以及人在店前做买卖时凉快些，即骑楼，如图3-3c。热带地区的建筑，多用遮阳板，防止阳光直射入室。

长江以南，皖、赣、湘等地的丘陵地带，夏季的气温比较高，人觉得闷热。这里的民居多把房间做得很高敞，多数造楼房，但楼上一般不住人，只用来堆放物品以及做一些杂用，如图3-4。这种楼层的另一个作用就是隔热，阳光射到屋面上，辐射热不会传到楼下。

其次说地貌。地貌是指地面的形态，如地形的高低、土质的软硬、地面的形状和大小等等。地貌差异也对建筑形式产生较大的影响。浙江、皖南、江西诸地的人们，往往利用地形的高低，创造出形

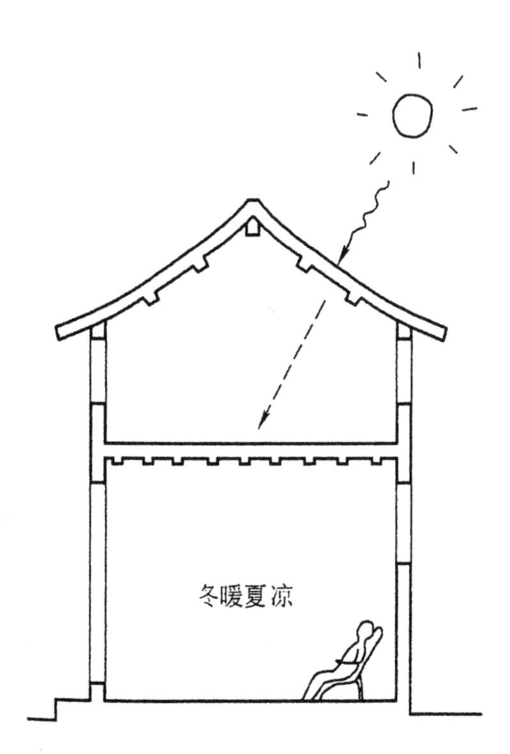

图3-4 冬暖夏凉的建筑

式多样的建筑。他们将高低不平的地形进行巧妙地处理，不但争得了更多的空间，而且造型也别致，图3-5就是这种建筑的一个剖面图：上面是房间，下面是街道。

江南，水网地带，水把地分成一小块一小块的，互相之间用桥相连。这里的水，其功能除了供人们饮用和洗濯外，还作为主要交通干道，水路和陆路并用，桥就成了立体交叉之物。因此，江南水乡小镇，其建筑形式多是前门路，后门河，也很富有情趣，如图3-6。这种水乡小镇，人口比较密集，又充满人情味，很有文化气质。有些人家，更是别出心裁，把河的上部空间也利用起来，在河的上面架个廊子，如图3-7，使河两边的房子连起来。夏夜，就在廊子里纳凉、过夜。

我国四川山区民居，其建筑与地形的结合也很巧妙。有的把山坡斜面造得像梯田的形态，在每层平面上建造房子，层与层之间用台阶过渡，这就叫“台”。四川、重庆山区有些地方还将建筑用木柱撑起来，使倾斜的山坡地上也能建房。

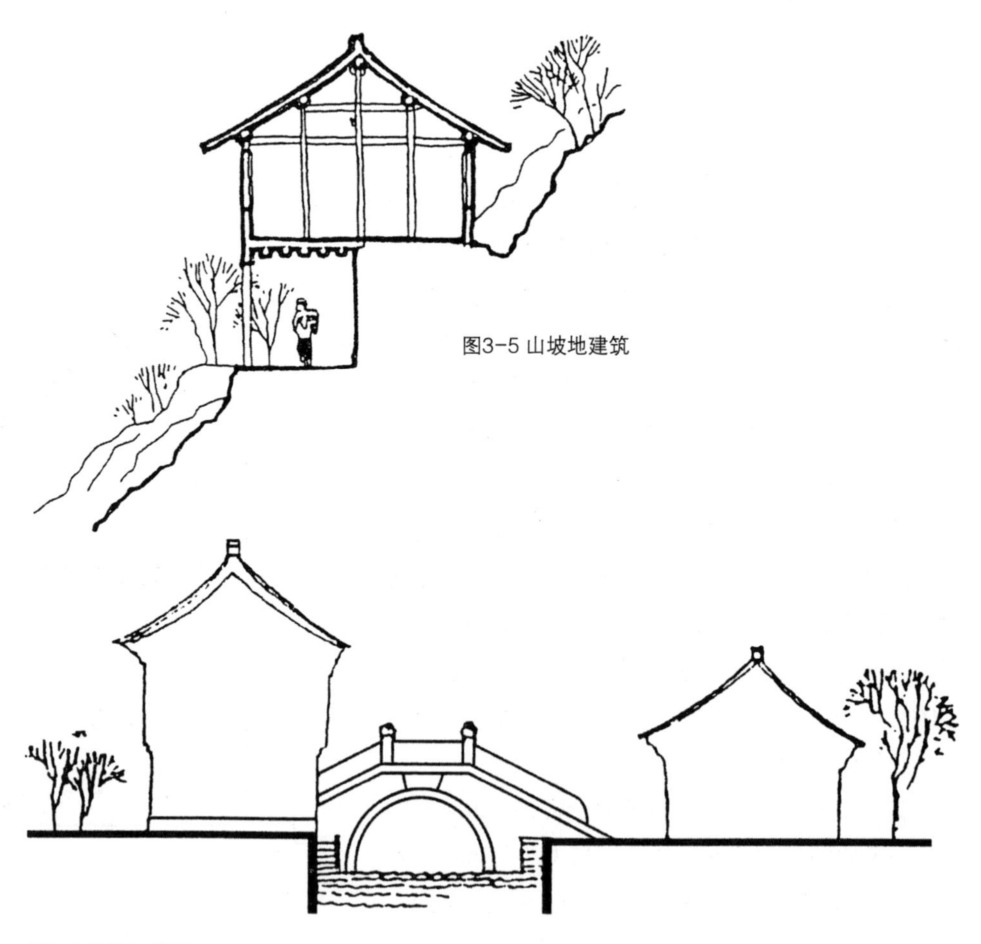

图3-5 山坡地建筑

图3-6 建筑与地形

这种房屋称“吊脚楼”，其做法名曰“吊”。另外，四川、重庆一带的民居还有“挑”、“拖”、“坡”、“梭”等做法。

第三说生态。生态是指生物体的生存条件和生活习性，同时也指许多生物共存于这个区域中，相互之间的“相生相克”关系。对人来说，生活在一个环境之中，各种生物体的存在，对人有利有弊，因此人们就想方设法，使其对人有利，消除对人有害之处。例如，广西、贵州、云南等许多地方，民居的形式用“干栏式”，即把建筑架起来，用木或竹做梁柱，上铺楼面板，造房子，其下部空间用作一般的杂物堆放，或关牲口，或什么也不用，让它空着。这样，既避免了蛇、虫等来犯，又能防止潮气侵入室内。

最后说自然资源。建筑形式的不同，其中材料的不同也是原因之一。古代技术落后，交通不便，建筑多就地取材，作自然性的加工后直接应用。如古埃及，无论是金字塔还是太阳神庙，都用石材做成。又如古希腊的神庙，也是用石材加工而成；古罗马当地缺乏大型石材，但他们有的是火山灰，可以用来做成天然水泥、混凝土，也可以建造起雄伟的建筑。

图3–7 江南水乡

建筑的地方性，还有许多人的主观因素。如上所说，一个地方，人们聚合起来，形成自己的社会形态、文化艺术和风俗习惯等。这些都影响建筑的地方性差异。在古代，地区与地区之间的交往不太多，在自然环境条件有差异的基础上，也包括由人文的差异所形成的建筑形式的差异。例如，我国清代皇帝对江南的风土人情和建筑形态都很歆羡，所以康熙、乾隆皇帝南巡时见到江南建筑绚美无比，在北京也造起这种风格的建筑和园林，如北京颐和园的昆明湖，似模仿杭州西湖（图3-8）；万寿山后山一条街，模仿苏州市井，名曰苏州街。园的东部有一个小园——谐趣园，模仿无锡寄畅园。再如承德的避暑山庄，其中许多景观都追求江南的自然形态。其中有一座楼，名叫烟雨楼，试图模仿嘉兴的烟雨楼。但就建筑风格来说还是有差别的，如烟雨楼边上的小方亭与苏州拙政园中的绿漪亭，两者形式虽相近，但风格很不同，如图3-9。北方风格健壮，南方风格文秀。

有的建筑形式，其人文因素是历史所造成的。例如，我国福建的一些地方有许多民居，形如“土围子”（图3-10）。这种建筑不但在福建有，而且在广东、江西等地也有。这种民居形式很特别。由于这些人原先不在这里，所以称它们为“客家”。这种房子外墙很坚实。一般有三四层，楼上住人，楼下底层杂用，楼上是堂屋，再往上是卧室，每家一间。这种建筑一座可住几十家人家，圆楼形式，直径最大的有70米。

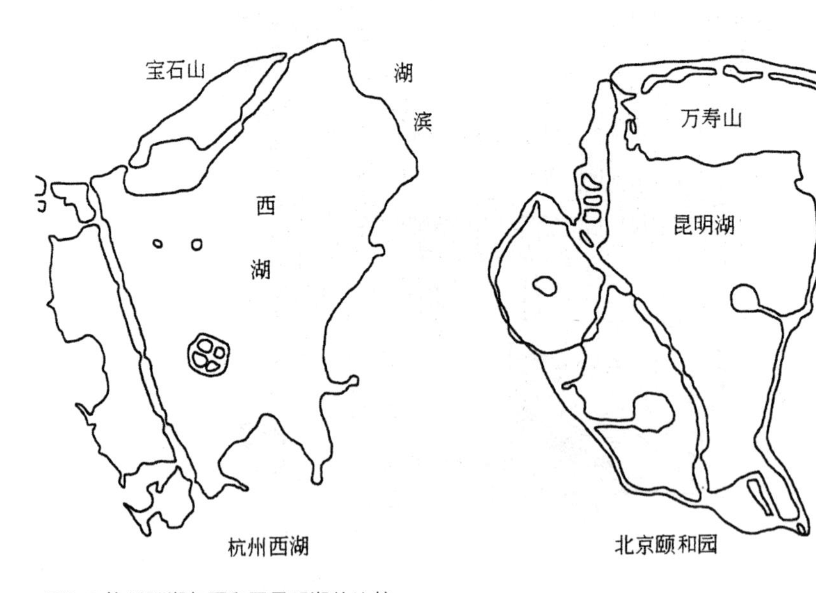

图3-8 杭州西湖与颐和园昆明湖的比较

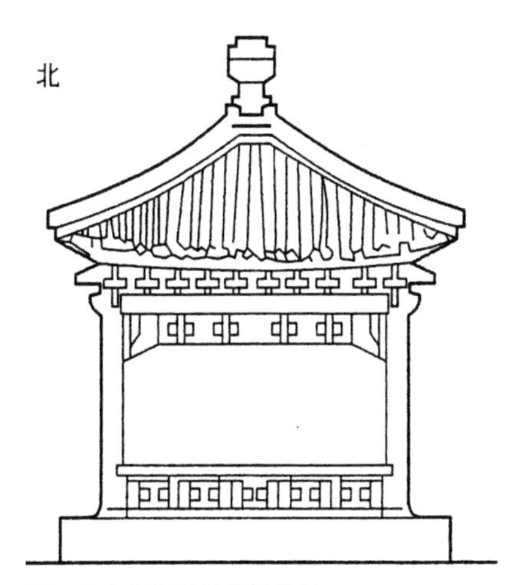

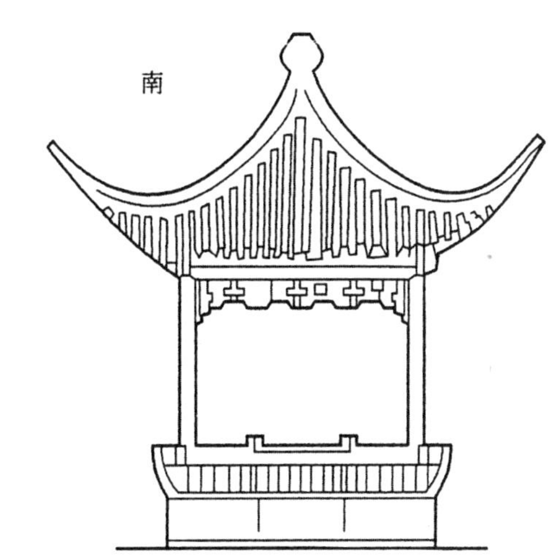

图3-9 南北建筑风格的比较

（二）

民族性也在建筑中表现出来。建筑作为一种空间形态，满足着人们的活动要求，同时它又作为一种形象，表现出诸民族的特性。当我们看到坡屋顶、瓦屋面、木屋架、木柱、石台基、木门窗等这种建筑形象，人们会说这是中国传统建筑形式，如图3-11。

再看图3-12a，这是伊斯兰建筑形式，这种形式与他们的服饰、日用器皿、家具等，可谓和谐统一。古代西方的建筑与他们的服饰、日用器皿等也同样如此，如图3-12b，这是古希腊的建筑形式，与他们的服饰等也很和谐统一。

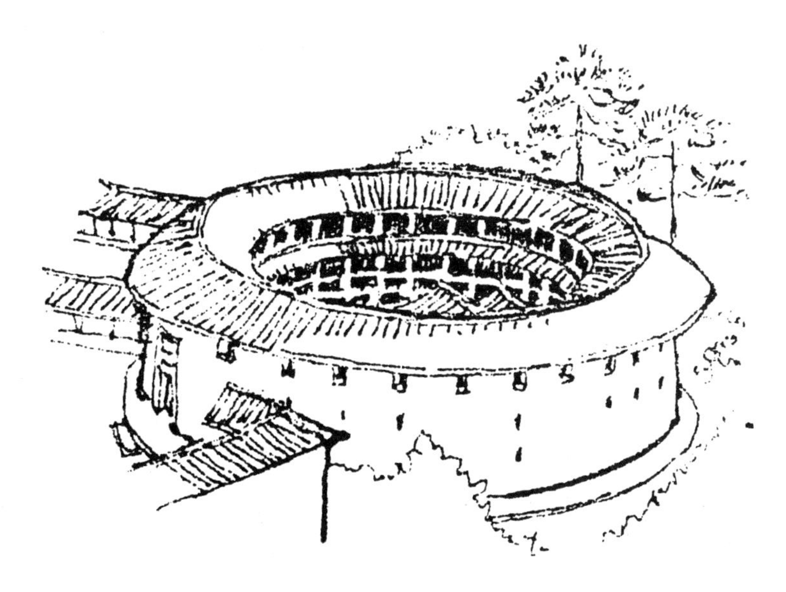

图3-10 福建土楼

从文化来说，民族对建筑的关系或影响，要比地方对建筑的关系或影响更高一个层次。地方的诸因素多为自然方面的、物质技术方面的以及人的物质活动方面的；民族的诸因素，多为社会的、文化艺术以及人的诸精神活动上的。我们更能通过建筑与民族的关系，来看出建筑的社会文化属性。

民族的宗教上的特征，在建筑上是很明显的，如图3-12，各种宗教建筑，实质上都表现着它们的教义。我国古代的佛教建筑，为什么与印度古代的佛教建筑有如此悬殊的差异呢？如图3-13，我国的楼阁式佛塔与印度佛塔（窣堵坡），在形式上是何等的不同。这是因为，佛教从印度传到中国，经过东汉和魏晋南北朝的吸收、消化，就改变了许多印度佛教的原型。如图3-13中的木构楼阁式塔，这种形式正映射了中国传统民族精神。

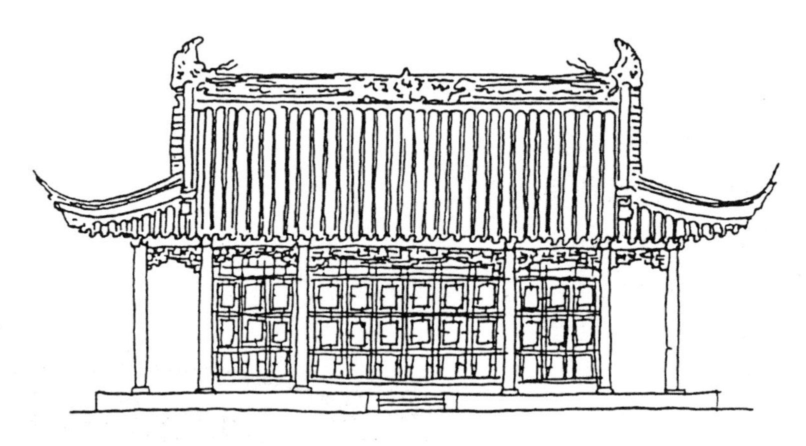

图3-11 中国传统建筑形式

图3-12 建筑的民族特征

第二个要素是伦理性。西方古代的伦理观是变化的，古希腊的建筑，那种显示出民主精神的奴隶制社会的伦理系统，就在他们的建筑中反映出来。例如，古希腊神庙，做得很有人情味，说明了这种社会伦理的作用。西方中世纪封建等级观念，在建筑上当然也表现出来。我国的传统建筑，也许最典型地表现着封建伦理观。例如，北京从前没有高的建筑，为什么？因为最高等级的故宫中的太和殿，其高度应当是最高的，平民百姓的房舍不得超过它的高度。又如色彩，如建筑中的柱子颜色是分等级的，天子用的房子，其柱子用红色；诸侯用的房子，柱子用黑色；大夫（一般的官员）用的房子，柱子用蓝色；士的等级最低，则用黄色。

居住建筑形态，最能显示出建筑的伦理性。如北京传统民居，胡同里面的那些四合院式的建筑，外面封闭，内向开窗。一个院子，满足传统家族的生活活动需求（包括物质的和精神的），这种体制，“国”可以看成“家”的放大，所以北京四合院与皇宫（北京故宫）有同样的性质，布局是一致的，大小不同而已。

民居的伦理现象，还表现在地域的意义上。北京是近皇宫之地，所以这里的民居形式多很规整，符合伦理规范。江南一带，其住宅形式有所不同，这是由于地形和人文因素所造成的。但一些江南城市中的大户住宅，仍保持这种伦理规范。更远一点，如广西、云南、贵州、四川等地，特别是诸少数民族（如傣族、纳西族、苗

(a)

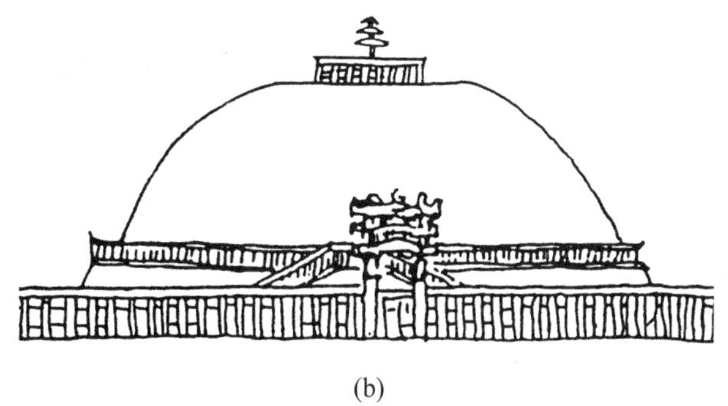

(b)

图3-13 佛塔的比较

图3-14 浙江某民居

族、佤族、壮族等）的住房形式，就与北京四合院很不相同了。又如蒙古包，藏民碉房等，则与北京四合院几乎找不到什么相同之处了。建筑的社会性要比自然性高一个层次，因此对于建筑的用料来说，即使同样是就地取材，同样用木料，但中国的传统木构建筑与英国的古代木构建筑就很不一样。图3-14是我国江南民居比较典型的木构建筑，充分显示出中国的江南的形态。

3.2 建筑的历史性和时代性

（一）

建筑的民族性和地方性指的是建筑的空间上的属性，建筑的历史性和时代性则是建筑的时间上的属性。相对说，建筑的历史性，既偏重于过去，又偏重于人文；建筑的时代性，既偏重于现在和未来，又偏重于科技。

建筑的存在时间一般总是比较长的，少则十几年、几十年，多则上百年乃至上千年。古希腊的帕提农神庙，距今已有2400余年了，古埃及的吉萨金字塔，距今已有4000余年了。我国的木构建筑，最古的是五台山的南禅寺大殿，也已有1200余年了。建筑的历史性问题是值得关注的。建造时的形式，是否能适应后来的人们使用呢？是否在形式上与后来的文化艺术相容呢？同时，在那些古建筑的周围，会建造起新的建筑，如北京天安门前建造了人民大会堂和革命历史博物馆等；伦敦的圣保罗大教堂附近，也建造了许多新建筑；莫斯科红场周围，也建造了克里姆林宫大会堂等等。新老建筑如何协调，也是个值得重视的问题。

（二）

首先说建筑的历史发展问题。

建筑，总是与人类的历史发展相一致，这就叫同步性。这种同步性，我们可以用一幅图来表述，如图3-15。

但这些古代的建筑，有许多至今仍留在世上，仍对我们起作用。这种历史性，对于文化艺术和现当代的建筑形态影响也很大，它不同于科学技术，科学技术一旦在理论上被否定或应用上被淘汰，基本上成了“历史”。例如古希腊的亚里士多德的力学理论、托勒密的地心说等，后来都被否定。建筑不仅仅是科学技术，它又是文化艺术。古代建筑，只要它存在于世，这个形象就会一直强烈地与我们产生直接的关系。

建筑的历史发展往往有连续的现象，我们可以从西方古代建筑的门窗形式来说明这一点，如图3-16，图中画的分别是古罗马时代、罗马风和哥特时代、文艺复兴时代的门窗形式。它们形式各不相同，但细看起来，它们都是有关联的，而且这种关联是连续地变化的，又是“螺旋形”发展的。从古罗马的半圆拱到尖拱，又回到半圆拱。这一循环，就表现出一个大的历史时期行将终结。然后到近现代，若再看其门窗形式，显然与古代大不一样了。

从民族的概念来说，我们也应当以历史演变的观点来认识，也就是说民族是一个历史的概念，它是变化着的。我们先从中国服饰的演变来看，如图3-17，明代的衣服是斜领的，到了清代，就变成直襟（男式），民国以后出现了中山装（男式），如今则为西装、夹克衫等。再看建筑，我国的古建筑，从“秦砖汉

图3-15 建筑的历史特征

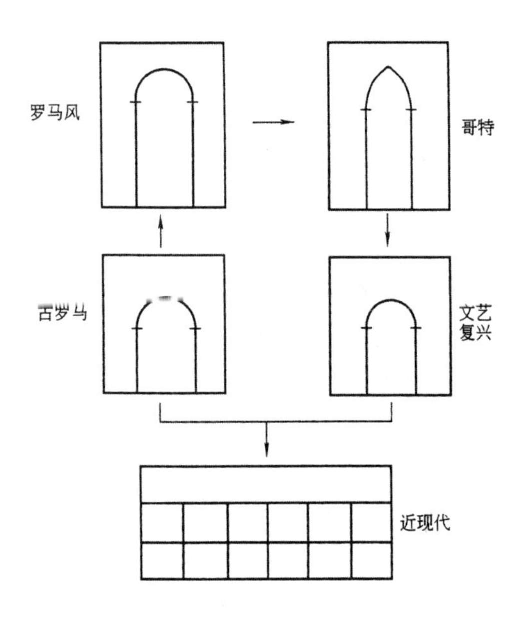

图3-16 门窗的变迁

瓦”至清末，好像几千年不变。但其实还是在变的，例如斗拱，唐代的比较硕大、粗犷；到了宋代，就变得小巧；再到明清时期，则更为小巧精致了，如图3-18。还有，宋代以前的屋顶，坡度比较平缓，到了清代，屋顶坡度就比较陡了，如图3-19所示。

当然，我国古代建筑的变化是很缓慢的，也是微小的，自唐宋至明清，千余年来，只是在斗拱、屋顶坡度等方面作了些微小的变化。到了近代，其变化就大了。例如住宅的变迁，我国在19世纪中叶前，一般的住宅多是单层四合院式的。后来，随着经济的发展，社会的变化以及文化形态的变化，从而引起生活方式和观念的变化，所以我国的住宅便起了很大的变化。我们可以从图3-20中看出19至20世纪的三种中国住宅类型的不同。其中图3-20a

图3-17 服饰的变迁

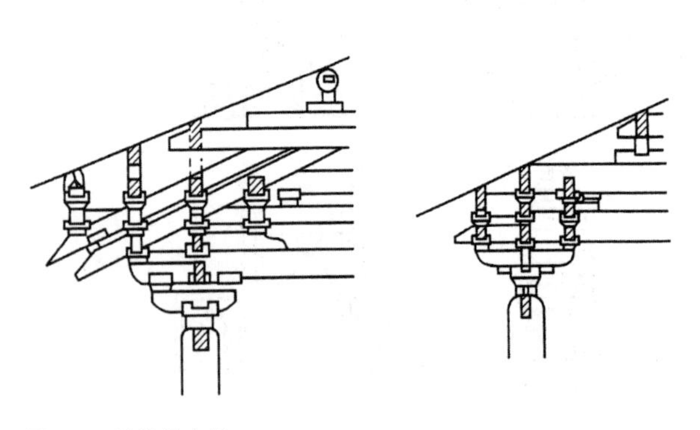
图3-18 斗拱的变化

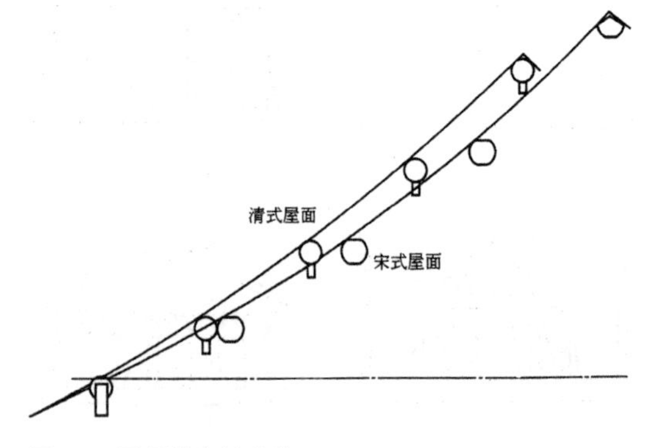

图3-19 屋顶坡度的变化

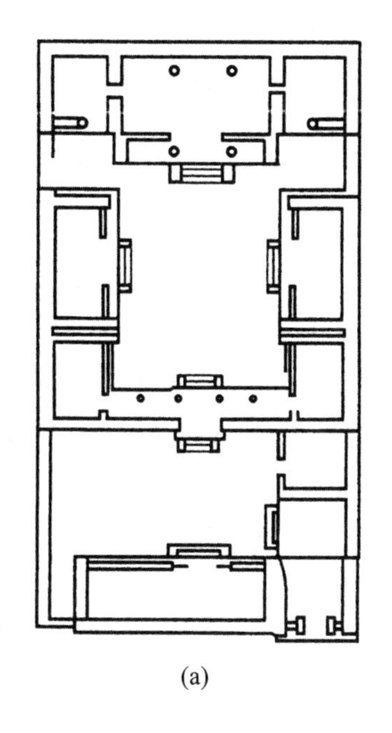

(a)

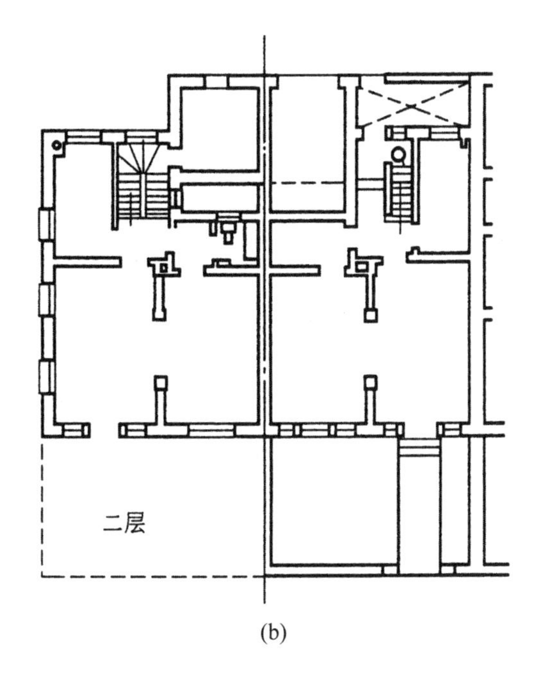

(b)

是古代的住宅，图3-20b是近代大城市的里弄住宅，图3-20c是现代公寓式住宅。后两种的民族性已经十分淡漠了，时代性却变得很突出。

再说古建筑与新建筑的协调问题。如图3-21所示，中间的建筑是20世纪60年代建造的克里姆林宫大会堂，建筑形式很新颖，但它却又与古老的建筑相协调，从这个建筑群的轮廓线来看，是很连贯而统一的。

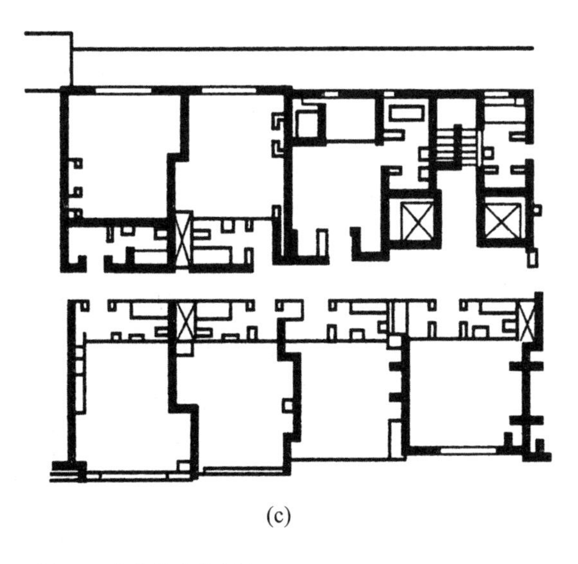

(c)

图3-20 住宅形式的变迁

（三）

时代，引起社会的进步，首先在于科学技术的进步，从而导致生产力的迅猛发展，生产方式的巨大变革。整个社会，从政治、经济、文化到观念形态，都发生变革。科学技术是这个变革中最能动的部分。从图3-22可以看到，老式的轿车形式，因为本来没有这个东西，无所因承，只能脱胎于马车或轿子。流体力学理论发展，所以小汽车的形式也就成了流线型。这种形式当时称时髦、摩登。其实它的由来就是如此。20世纪50年代初，喷气动力系统的应用，又影响到小汽车的形式。而今后的小汽车形式，也就可以想象。

建筑也同样，古代建筑用繁琐的装饰来显示它的高贵富丽，显示它的社会地位和文化艺术特色。直到19世纪，这种建筑观点仍然在继续着，就像巴黎歌剧院（建于1874年）那样，把建筑的内外都装饰得琳琅满目（图3-23）。但是，也就是从19世纪中叶开始，随着工业革命的迅速发展，建筑的内容和形式也就开始了根本性的变革。人们也渐渐对新的建筑形式产生好感。从19世纪中叶开始，建筑不再只是古典的形式，而是以新的形式，新的材料和工艺来建构。1851年建成的伦敦“水晶宫”(国际博览会展厅），1889年建成的巴黎博览会机械馆以及埃菲尔铁塔等等，立即显示出它们的神奇魅力。从20世纪开始，所谓时代性即是体现在其建筑更令人目不暇接的特点上。

当今的时代，技术发展得更快了，影响建筑造型更大了，不断地出现新的建筑品种，如薄壳、悬索、折板、张力结构、空间网架等等，从而使建筑形式更为丰富多彩。建筑材料也不断更新，令人眼花缭乱。但是，每一种结构形式，每一种建筑材料，在时代的面前如果要想站住脚，必须做到下列这几方面：

1.能适应于当代的社会和个人的空间需求；

2.在坚固性和维修方面要优于原来的形式；

3.在统筹的经济性上要优于过去的，即建筑的成本和利用率方面合起来看，要优于过去的。

这种时代性，当然也与宗教和伦理等社会形态联系着。我们仍来看住宅：古代中国住宅，长幼尊卑，各处一隅，用院子组合起来，他们的居住条件的差别，明显地显示出等级关系。而且建筑多为对称的，它首先满足的不是人的物质性需求，而是精神性需求。时代不同了，现代住宅明显地与传统的四合院住宅不同了（图3-24）。现代住宅首先满足的是人的物质生活需求；精神需求也不同于传统的，而是从现代的人际关系及审美要求出发。

时代性，也意味着过时。古代的变化是缓慢的（无论是物质的还是精神的），所以它几乎不会出现过时的问题。但现代社会却不同了，现时代，由于生产、经济及社会各方面不断变化，作为满足人的空间需求的建筑，也必然会产生新的需求。这也就会有过时的问题了。也由于这个原因，所以现代建筑也给建造

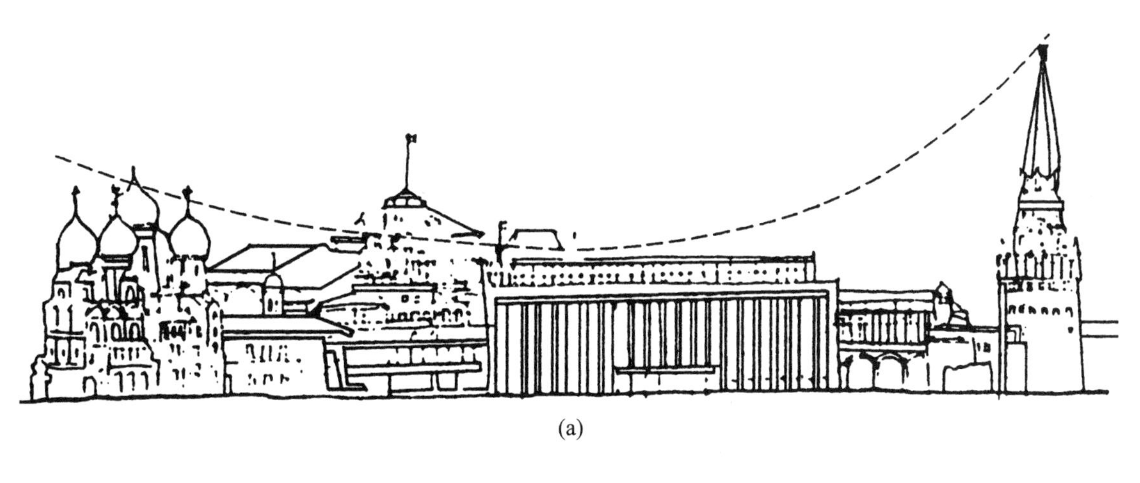

(a)

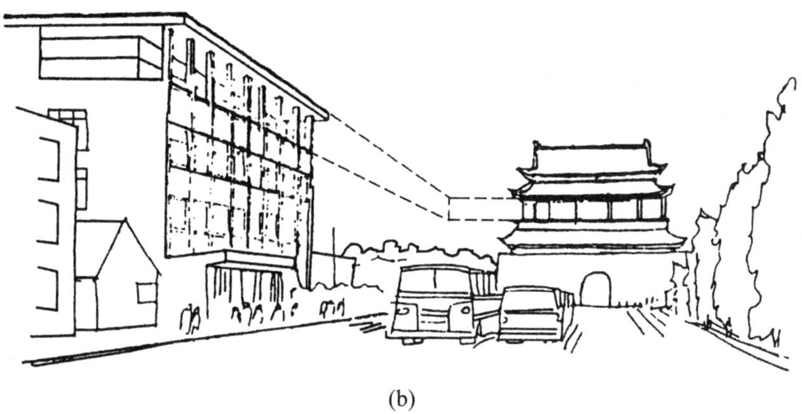

(b)

图3-21 建筑的协调性

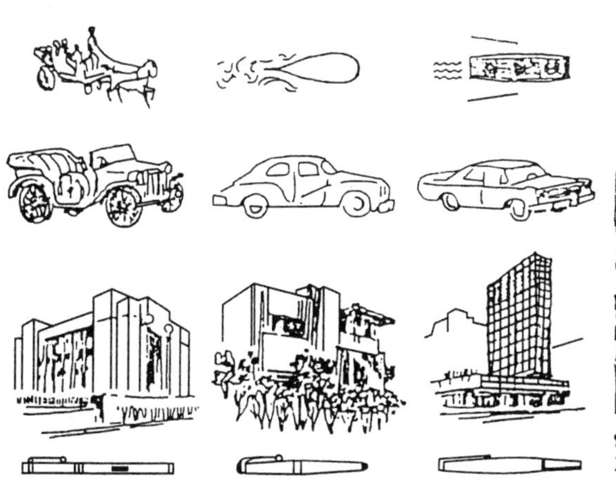

图3-22 建筑和其他产品的时代性

图3-23 巴黎歌剧院

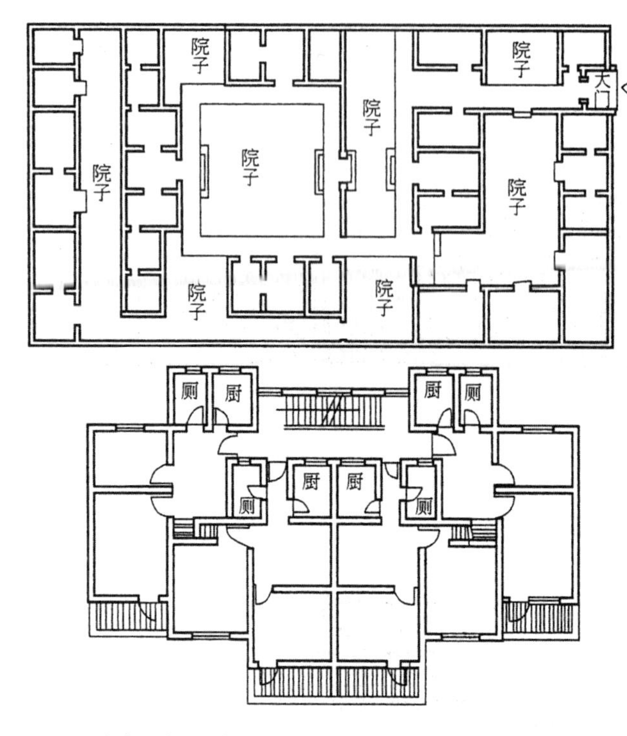

图3-24 古今住宅的比较

工期带来了新要求。建造工期要尽量短，这不仅是纯经济的原因，同时也与“时代”有关。古代建筑建造期在20年以上不足为奇，如罗马圣卡罗教堂用了29年时间，圣彼得大教堂前后共用了120年，最为惊人。这些建筑建成后，并没有因为它建造的时间长而过时了。现代建筑的工期在10年以上已是不可思议了，如悉尼歌剧院，因为种种原因，建造时间达17年（1957-1972），这在现代建筑史上是罕见的。

建筑的时代感，还反映在不追求形式的雷同，也就是说，曾经被人用过的形式，就不愿再用了，不像古代建筑那样，几百座建筑几乎都是一样的形式，都是斗拱、大屋顶，只作了稍微的变动。西方古代建筑也同样，希腊柱式，变化甚少，几百年乃至上千年不变。不变被人肯定，变了反而被人贬。今天的建筑就不是这样了，如美国纽约的环球航空公司候机楼（图3-25）与华盛顿的杜勒斯机场候机楼（图3-26），其形式是何等的不同！同样是候机楼，但形式很不一样。不过，这种多样性，却又在总体上形成统一的时代风格，即现代主义。从20世纪60年代末开始，在西方又兴起了一个建筑新风潮——后现代主义，在大的层次上又出现了新的时代风格。

3.3 建筑的文化艺术性

（一）

上面已说，建筑是一种文化，即建筑文化。什么是建筑文化？这要从文化说起。“文化”一词是很难解释的，我们也许可以说，文化是人类文明在进步尺度上的外化。建筑文化，强烈地外化着人和社会的各种历史和现实。留存至今的古希腊神庙，反映着西方古代奴隶主民主制的社会政治和经济形态、宗教形态、人们的生活方式、科学技术、文化教育、文学艺术以及诸习俗等等。古罗马与古希

图3-25 环球航空公司候机楼

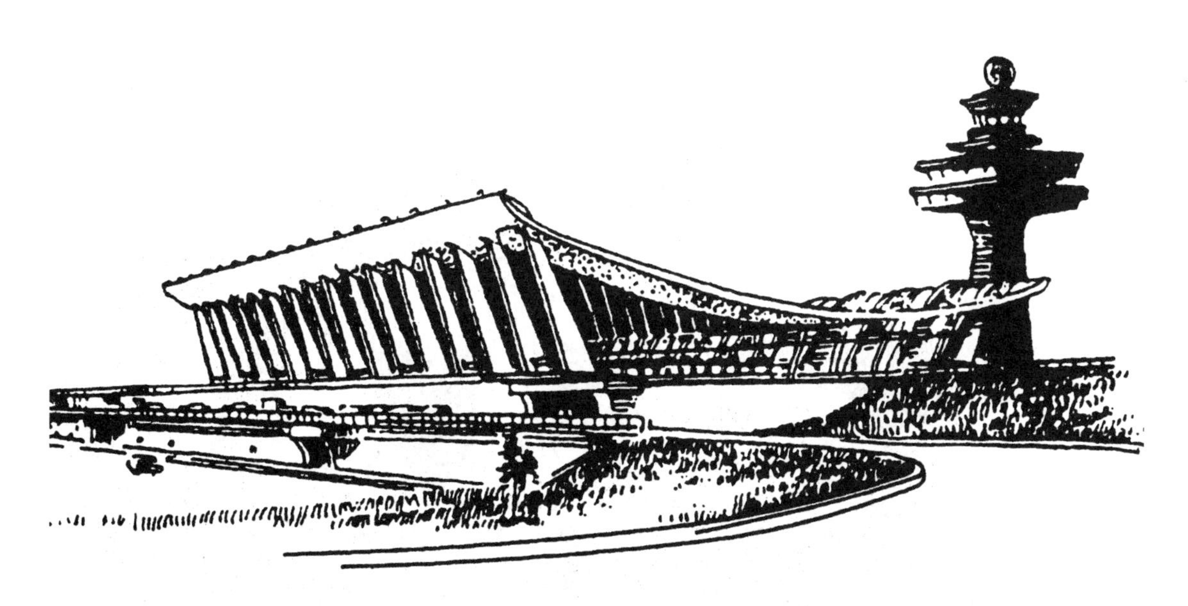

图3-26 杜勒斯机场候机楼

腊有许多相同的社会文化形态，但也有许多不同之处。这些异同，也都在建筑上表现出来。从建筑的类型上说，罗马的建筑就有更多的公共性建筑，如角斗场、剧场、浴场以及广场，还有纪功柱、凯旋门等。我国古代也同样，宫殿形式与寺院、坛庙等形式很相似。

建筑文化有两个独特的性质：其一，建筑既是一种文化，又是容纳其他文化的场所；其二，建筑既表达自身的文化，又比较完整地映射出人类的文化。事实上，人类发展的历史，我们能在这些历史建筑上“读”到，而且要比书写的历史真实得多。北京的圆明园，如今尚存的那些断垣残壁（图3-27），不但反映了清代皇家园林的特征，也反映了中西文化交往的历程；而且在这些断垣残壁上，真实地记载着我国的一部令人心酸的近代史。

建筑作为文化，它的作用还包含着对人的某种精神力量。那些古代建筑，不仅因为它们有文物价值，更在于它们能作为一种团聚社会的精神对象，影响着我们的观念。今天我们提出要修复的许多著名建筑，要强调的是应当忠于原物。我们提倡修旧如旧，我们更不能子虚乌有，搞假古董，造“张飞卖肉处”之类，也不能随便修改古建筑，把某个文化名人的故居造得像个宫殿。

建筑作为文化，它对人的心理感受，其作用大致有三：第一，人和社会的崇高性；第二，科学和文明的召唤性；第三，美和艺术的陶冶性和自我完善性。建筑的这种文化“功能”，它的表现形式就是建筑艺术。

图3-27 圆明园残迹

（二）

建筑是个实用对象，又是个艺术对象。但所谓它是实用对象，有两个基本要求，即物质要求和精神要求。除了建筑，还有家具、器皿等，也都或多或少有这两方面的要求。建筑的精神要求，例如宗教和伦理等的要求，都要通过建筑形象表述出来，方能达到其功能意图。这种建筑形象，是把艺术作为一种手段或工具来看待的，因为它的最终目的不是艺术的欣赏，而是社会伦理、宗教、习俗以及其他各种应用上的目的（如商业性的招徕和展示等）。汉初的萧何，建议刘邦建造雄伟壮丽的宫殿，他说："天子以四海为家，非壮丽无以重威……"后来便建造起长乐宫、未央宫等雄伟的宫殿。这种建筑的效果，表现的是皇帝的至高无上，让人们去敬仰、崇拜。这种艺术处理的目的不是美，而是要显示皇帝的威严和高高在上。

真正的建筑艺术形式是以建筑的美为其目的。所谓美，就是引起人的审美心理上的愉悦，它并不是为了其他目的或功利。但对于一个具体的建筑来说，总是有它的具体用途，即目的，因此建筑艺术不是一种纯艺术，建筑必然还有非艺术的目的。建筑艺术的特征之一是艺术和功能的结合。我们说某个建筑很有艺术性，无论是它的比例、尺度、虚实、层次等等，都做得很好，很有美感；但它终究还是个实用对象。它是住宅，要满足人们的居住要求；它是教学楼，要满足教学要求；它是火车站，要满足交通运输要求……而且建筑的功能性是主要目的。所以有人说，建筑艺术是很难的。

（三）

建筑艺术有自己的"语言"特征。建筑艺术的语言法则，或建筑形式美法则，可以分为变化与统一、均衡与稳定、比例与尺度、节奏与韵律、虚实与层次等。

1. 变化与统一

这也许是任何艺术都具有的一个形式美法则，如戏剧，花旦的唱腔不同于老旦的唱腔，也不同于老生的唱腔，这就是变化；但我们总不会在同一出戏里一会儿唱京剧唱腔，一会儿唱川剧唱腔，又一会儿唱越剧唱腔。剧中的唱腔应当是统一的，京剧就是京剧，但生、旦、净、末、丑是变化的。绘画也同样，如中国画，有山水画、人物画、花鸟画，但综合起来都是中国画。又如家具，有床、饭桌、写字台、沙发、凳子、床头柜、大橱、矮柜等等，这是变化；但这些家具的腿、边线以及质地、色泽等则是统一的，否则会觉得不完整。形式应当是变化的，风格应当是统一的。这样就会产生美感，有秩序、不零乱，但又有变化、不单调。建筑也是如此，例如我国的古代建筑，不管其形式如何，无论是厅堂、楼阁、亭轩等等，都能通过一些形式相同的部件，如屋顶、墙面、柱子、门窗、栏杆、台基等，使它们统一起来。如北京的颐和园、北海，承德的避暑山庄等建筑，在风格上是统一的。又如江南建筑，无论是苏州的、无锡的、杭州的、绍兴的等等，其建筑风格也是统一的。

在现代建筑中，这种形式多样而风格统一的建筑艺术法则也常被强调。用单一的形式，进行大小、高低、方向、位置等变化，达到建筑美的效果。如图3-28所示，这座建筑的美，正是在于它们各“部件”的做法是统一的。此建筑由三座建筑组成：歌剧院、音乐厅和餐厅，这些建筑都以船帆那样的形象作为屋顶，有前后、左右、大小、方向、数量等的不同，美在变化与统一。

2. 均衡与稳定

不论是古代建筑还是现代建筑，其形式美法则是相同的。建筑的美感，稳定是很重要的，如图3-29所示，这是两种不同的稳定和均衡。图中甲是对称的，它的稳定感可以用三角形来分析；乙是不对称的，同样可以用三角形来分析。它不对称，其稳定感可以用秤的原理来说明。

图3-28 悉尼歌剧院

有些对称的建筑，用呼应的办法来处理，如图3-30，一边高一边低，但看上去觉得很安定，没有觉得不稳。图中的建筑，它的不对称稳定感是用形象的高低错落来实现的。

莫斯科大学的主楼是一座完全对称的建筑，中间是主体，用俄罗斯传统建筑的尖塔形式。两边是对称布置的两翼，两端部又略作升高，使形象很完美，如图3-31。

有些建筑，要求具有一定的动势和方向性，如图3-30的a和b，是在动势中得到稳定。建筑要求有稳定感，如图3-30，若变得与左边的一样高，就会觉得不均衡。图3-30a和b，都有向前倾的感觉，但设计者就是要让形象产生“向前”的动感。

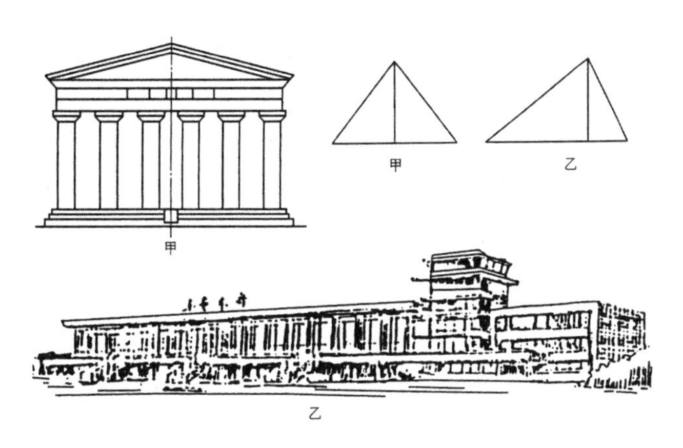

图3-29 建筑的均衡与稳定

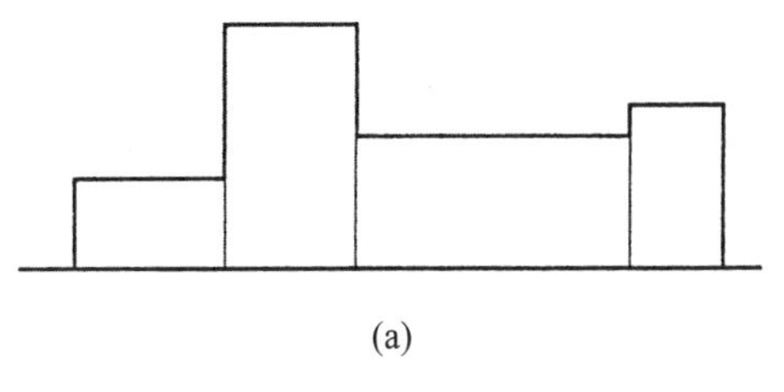

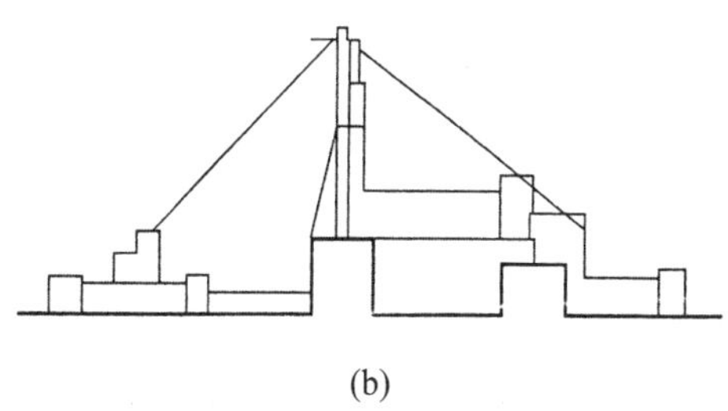

图3-30 建筑的稳定性

图3-31 莫斯科大学主楼

图3-32 动态的均衡

3.比例与尺度

建筑形象的比例关系，如图3-33，这两个建筑立面哪个好些？也许我们会说右边的好些，为什么？让我们从关系来分析。这两个立面，在形式上说基本相同，都是由左右两部分组成，但左边的那个，a略小于b，右边的那个a远远小于b。若a与b差不多，则似是而非，不肯定，含混不清，所以不妥。一般来说，不同大小的形象，其差别须在2倍以上才好。

有时可能会产生这种情况：由于建筑的使用要求，不得不使a和b大小接近，为了达到形式美，又不影响功能，则可以将门窗部分减少些，墙面部分适当扩大，使功能和形式两全其美。

再说尺度。尺度法则是建筑艺术所特有的法则。图3-34的a，是一般的尺度；如果把它放大成b（图中用相对地缩小人的大小来表示），则人与建筑的关系就不妥；如果把建筑缩小，如c，这个房子不能住人，只能说是个模型。

图3-32是位于莱比锡的联军纪念碑，这座纪念碑上面的形象，尺度不统一，拱门是一种尺度，相当大，门下面好像是台基的形象，也太大，碑顶的人像雕刻，又是一种尺度。人们远远望去，只觉得它只不过十几米高，殊不知它的高度达60余米。从尺度上说，显然是不成功的。

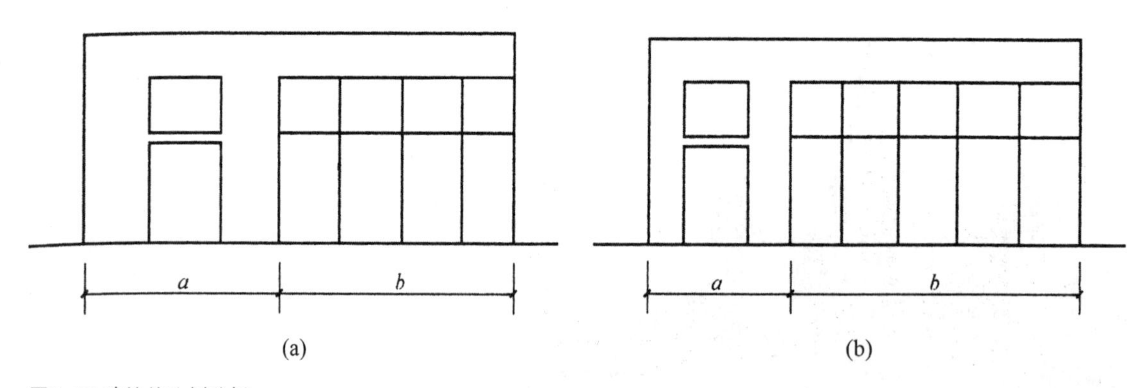

图3-33 建筑的比例分析

古希腊的帕提农神庙，在尺度处理上是经过精心设计的。它的外围柱廊，柱高10.4米，不失其庄重、雄伟之感。但在室内，作了两层围廊，其下层的柱高约6米，上层高约4米，符合人活动的尺度。室内室外，用两套尺度，这种做法，可谓妙不可言。

图3-35是意大利维琴察的巴西利卡立面上的一个局部，这个形象在尺度上处理得与帕提农神庙的手法相近。这种手法后来被说成是“两套尺度”。

因此，如何来把握建筑的尺度，乃是建筑造型设计中的一个重要的问题。但要注意，建筑是人的建筑，只要你能把握它与人之间的关系，其尺度问题也就不难解决了。建筑与人是亲切近人的关系，还是崇高伟大的关系，是少数人活动的，还是多数人活动的，这两者的尺度概念是不同的。

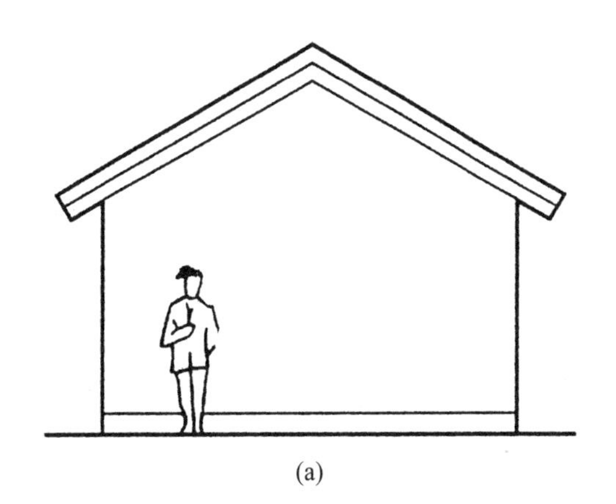

(a)

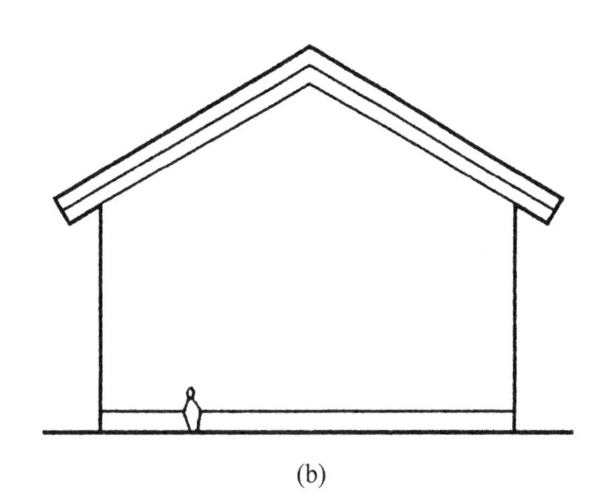

(b)

图3-35 维琴察巴西利卡立面局部

(c)

图3-34 建筑的尺度分析

4.节奏与韵律

节奏，多是用来指音乐、舞蹈之类的艺术特征。韵律多是用来指诗歌一类的艺术特征。节奏与韵律，如果抽象为艺术的形式美法则，就是有关时间上的一种效果。这种艺术效果在建筑上，是把建筑作为一种象征时间艺术的对象。“建筑是凝固的音乐，音乐是流动的建筑”，这说明艺术的各个门类之间是联系着的。时间能转化为空间，空间也能还原为时间。认识到这一点，艺术情趣也就会增添。

古诗是押韵的，如唐代张祜的《题金陵渡》：“金陵津渡小山楼，一宿行人自可愁。潮落夜江斜月里，两三星火是瓜洲。”其中的楼、愁、洲是押韵的。建筑也同样，如图3-36，a这种形式似乎显得单调，b又显得没有规律，c这种形式既有规律又有变化，这就是节奏与韵律之美。威尼斯总督府的立面形象（图3-37），被认为是建筑韵律美的典范。这种韵律美的形象常被运用，如罗马体育馆的顶棚，利用结构（拱肋），造成美丽的韵律图案，如图3-38所示。

5.虚实与层次

建筑作为一种艺术，除了上述这些形式美法则外，与其他艺术一样，还有许多手法问题，如虚实、层次、对位、象征等等，在此作约略介绍。

建筑的虚实，不同于绘画或电影中的虚实。在绘画中，画得具体、清晰、细致叫实，画得概括、模糊、简略等叫虚，如图3-39，人像的脸是实的画法，衣服则是虚的画法。建筑的虚实是指具体的物质形态，如墙是实物，称实；若是廊、门、窗等，这些东西在空间上能起到界面的作用，但它是虚空的，只是在感觉上存在界限，如图3-39，墙是实的部分，廊和窗则是虚的部分。

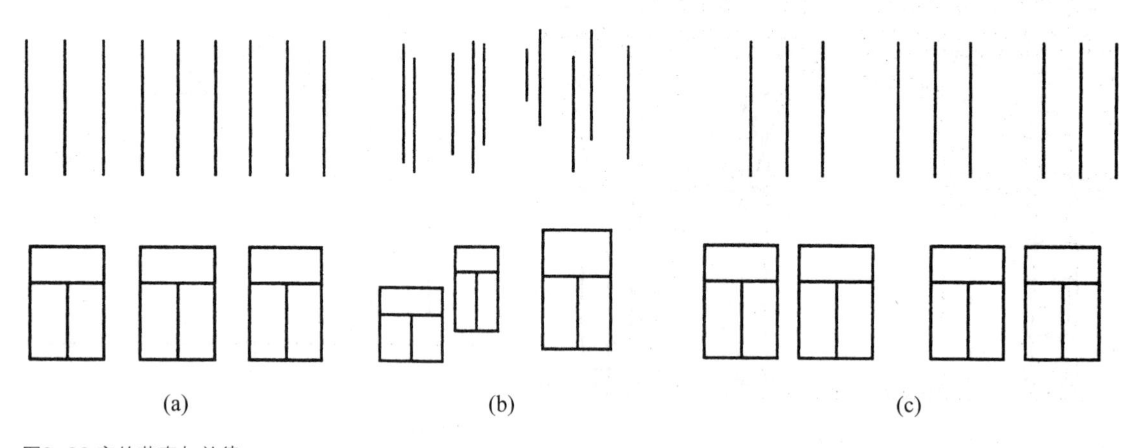

图3-36 窗的节奏与韵律

图3-37 威尼斯总督府

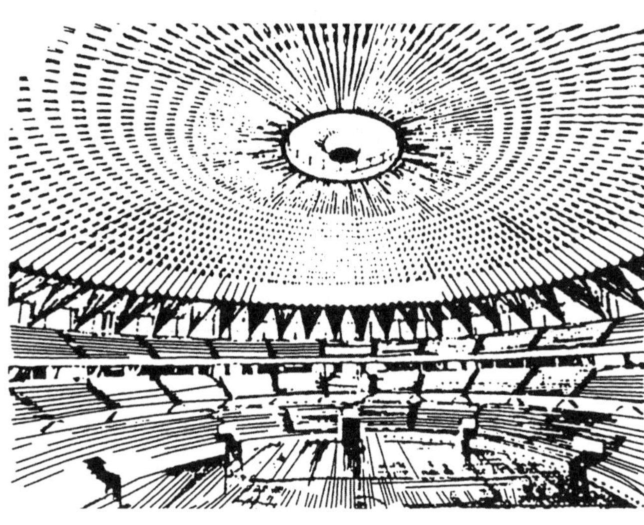

图3-38 罗马体育馆顶棚

(a)

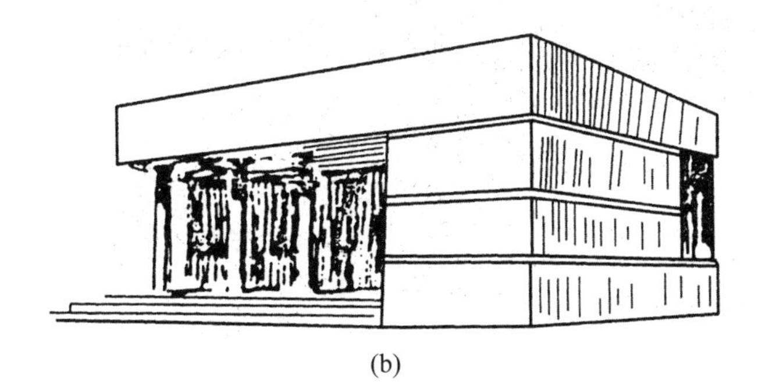

(b)

图3-39 绘画和建筑中的虚实比较

图3-40中的墙面上的漏窗和圆洞门是虚，墙是实。这虚的部分和实的部分面积相差不多（图3-40a），则虚与实主次不分，不妥。若做成图3-40b的样子，以实（墙面）为主，实中带虚（漏窗、圆洞门），既明确虚实，又有变化，是可取的做法。

空间的构筑，也有虚实关系，如果用六个实的面（屋顶、地面和四壁）构成一个空间，这个空间密不通风，使人感到闭塞；如果是一个亭子，只有亭顶和地面，周围只是几根柱子，中间的空间就显得宽敞，与外界流通。在建筑设计中必须注意空间的用途，不能一概而论说实的好还是虚的好。一个亭子当然应当以虚为主，这是它的功能要求；一间卧室，就应当以实为主，这也是它的功能要求，即要有较好的私密性。建筑的形式，必须与它的功能相结合。又如北京天坛的圜丘，三层白石台，也形成其上部的空间。它的顶盖就是天穹。这个构想很巧妙，它的功能就是供皇帝祭天，皇帝在台上与天“对话”。白石台又象征白云，圆形象征天，所谓“天圆地方”（图3-41）。

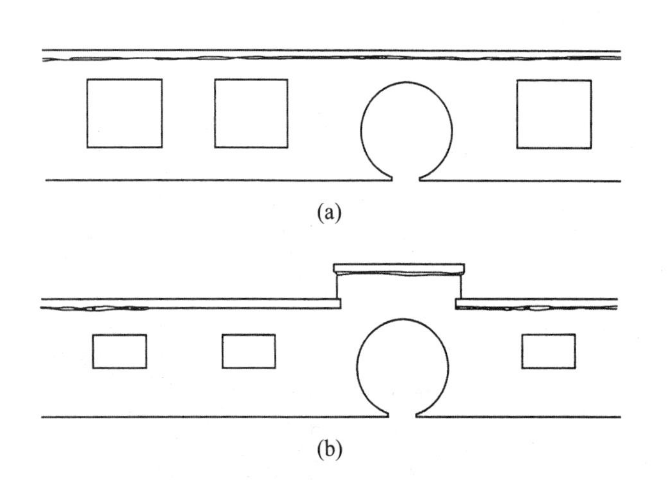

图3-40 漏窗和门对墙的虚实关系

图3-41 天坛圜丘

建筑的层次，多指空间的层层深入，以此产生艺术效果。如图3-42，这是苏州拙政园里的枇杷园一景。这个形象之美，就在层次。宋代词人欧阳修的《蝶恋花》，其中有“庭院深深深几许，杨柳堆烟，帘幕无重数”。这样的空间，与这首词有异曲同工之妙。层次，在建筑空间中是靠空间之间的掩映而产生，如图3-43，就是相互遮挡，产生层次。层次之美，也就是含蓄之美，如白居易的诗句：“犹抱琵琶半遮面。”

建筑有对位的手法，图3-44是各种对位关系，如图中的a叫边线对位，b叫中线对位，c叫交叉对位。图3-45是对位的手法实例，左边的建筑高度正好位于右边三楼的窗台上，很有秩序感。

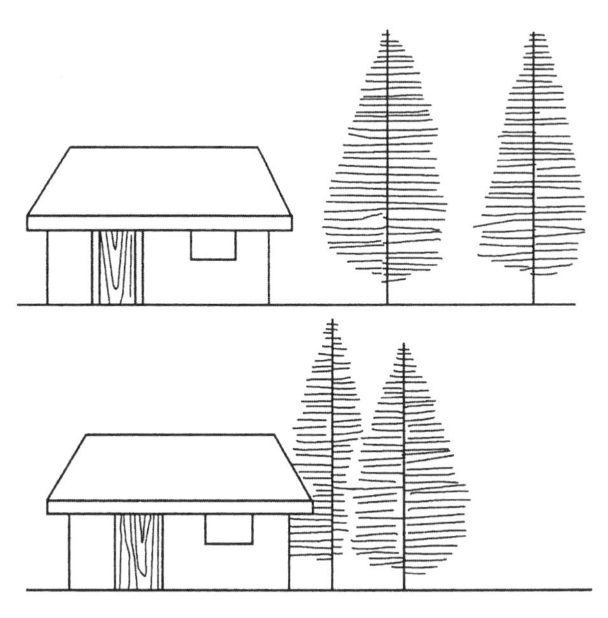
图3-42 景的层次

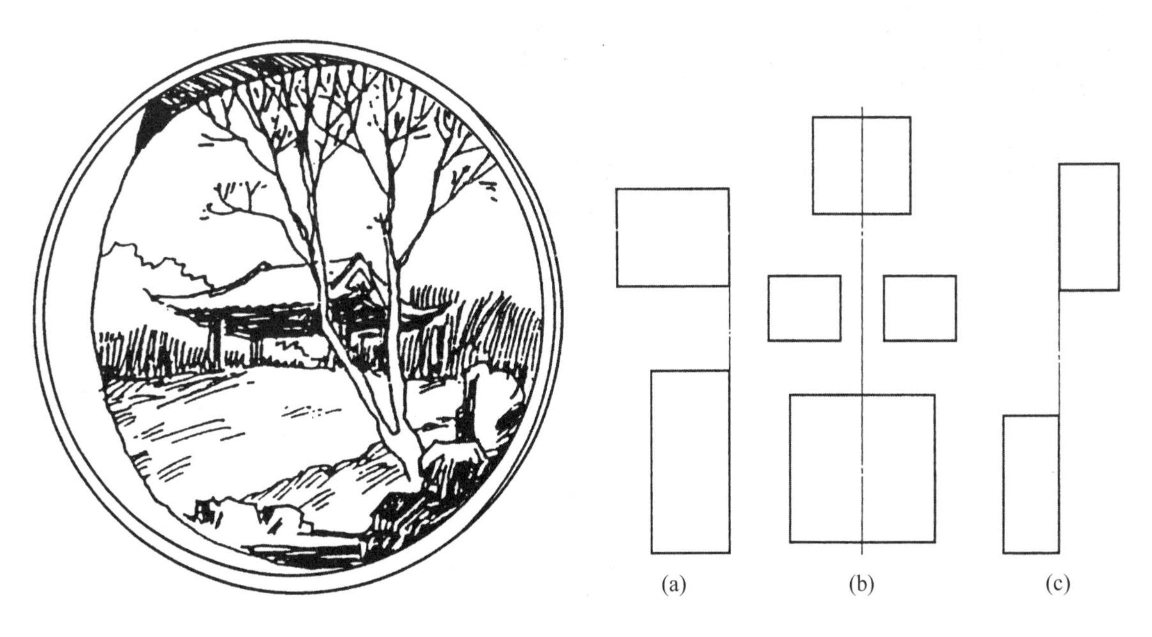

图3-43 园林中景的层次效果

图3-44 建筑的对位

建筑形象有导向性，其手法为“暗示”。如图3-46，由于墙面的弧线，所以人们就自然而然地过去。图3-47中有三个图，其中a图在感觉上是静止的，即人们会产生逗留在这里的感觉，b图是指向的，依靠图案的位置来暗示，c图也是指向的，也靠图案的位置来暗示。图3-48是个四柱门楼，柱子的形式也有导向作用，其中上图的柱子断面是纵向的，下图是横向的，这两列柱子的导向性是图中箭头所指的方向。

当空间的方向要转折时，又如何用建筑形象来表示呢？图3-49是最基本的方法：有一条折线形的路，图中a是纵向的，在转弯处设饰物；b图是横向为主向，在转弯处也有饰物；c图表明了出入时的不同处理方式，即在图的基础上增添了转角的一个空间，强调饰物对导向的作用，增强了向右前进的力度。这些做法，都与人在空间中的感觉有关。设计者要从人的心理活动、使用要求和艺术特征诸方面来把握。

建筑的设计手法，可以从理论上来归纳，但不能等同于数学公式，不可以在设计中胡乱使用，而是要融会贯通。我们还要强调实践，多做设计，在设计中应用这些手法，自然会提高。

图3-45 建筑对位实例

图3-46 建筑的方向暗示

(a)

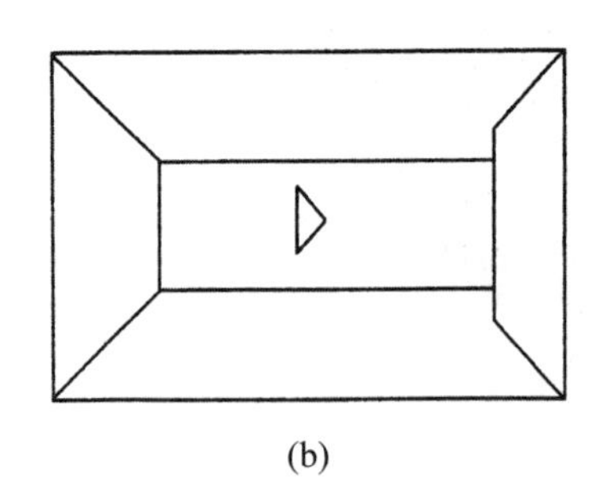

(b)

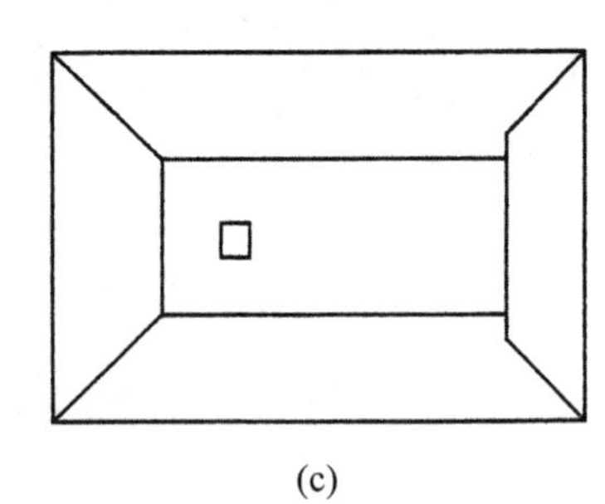

(c)

图3-47 建筑的指向性

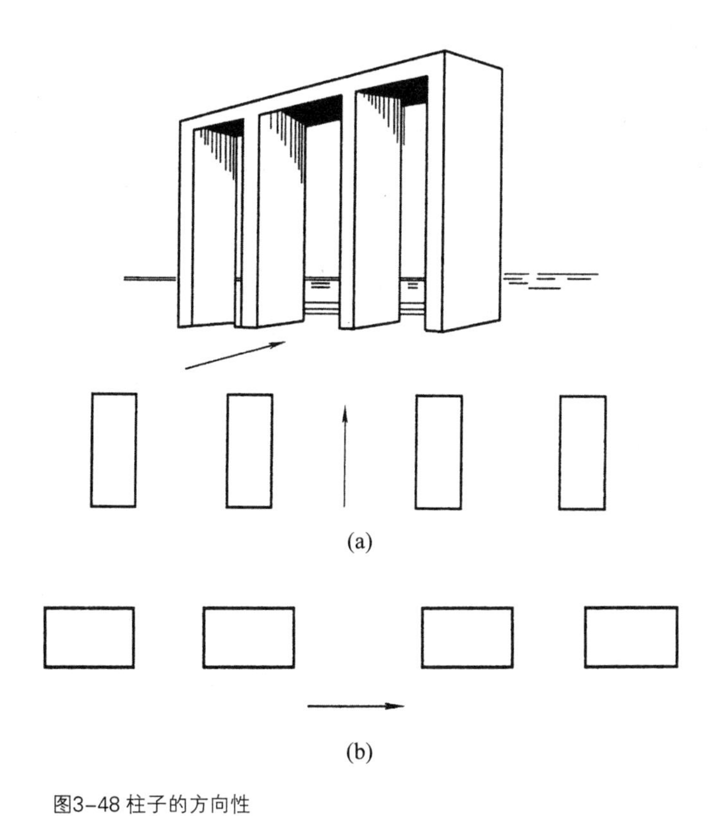

图3-48 柱子的方向性

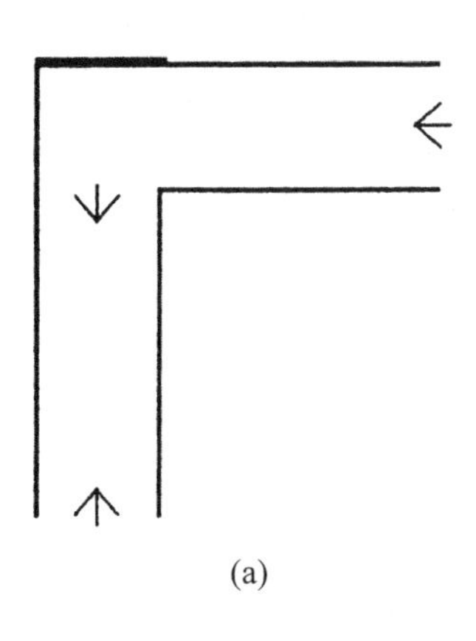

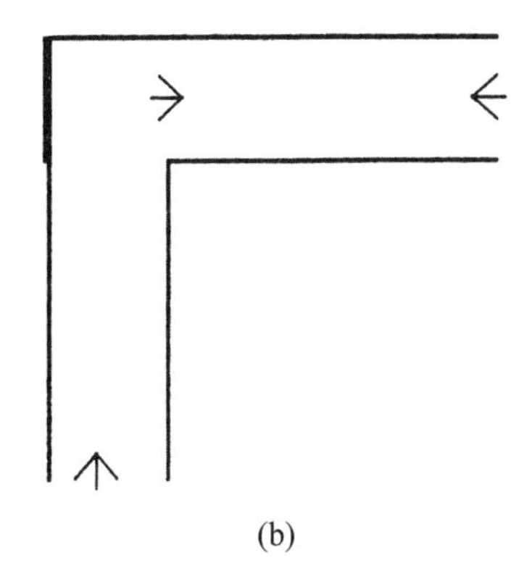

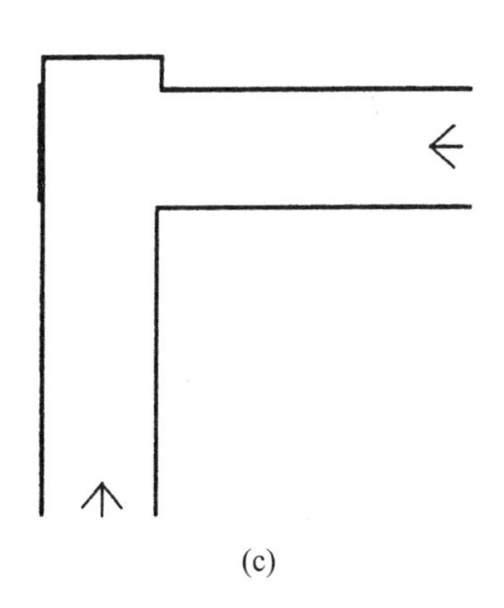

图3-49 空间的转折处理

复习思考题

第三章

1.建筑如何满足人的私密性要求？

2.建筑如何满足人的社交活动要求？

3.举例分析建筑的招徕和展示要求？

4.举例分析建筑的陶冶心灵的要求？

5.试比较我国北方和南方的建筑特征。

6.简述建筑的民族性和地域性。

7.简述建筑的历史性和时代性。

8.用实例（自选）分析建筑造型中的比例。

9.用实例（自选）分析建筑造型中的尺度。

10.什么叫建筑的空间层次，用实例说明。

第四章

中国建筑的沿革

4.1 中国古代建筑（上）

（一）

我国是文明古国，据史书记载，早在距今5000年前，就有“三皇五帝”之说，但从有文字至今，还不到4000年。到了殷商时代才出现文字，最早的文字是刻在龟甲和兽骨上的，称为甲骨文。殷商以后，便是周，然后是春秋、战国。后来秦统一中国，然后是西汉、东汉，魏晋南北朝，隋、唐，五代十国，北宋、南宋，还有辽、金、西夏。后来便是元、明、清，直到晚清鸦片战争，我国古代就此终结，然后是近代。

我国的建筑，在有文字以前就已经有了。在浙江余姚的河姆渡，据考古发掘，早在距今7000年前，就已经有房子了。另外还有在西安附近的半坡、临潼附近的姜寨等地，人们也发掘到好多史前时代的房子（这些房子如今只是遗址）。

我国的史前建筑，可分两大类：一是巢居形式，另一是穴居形式。河姆渡的房屋属巢居形式，半坡村的房屋形式为半穴居，如图4-1。

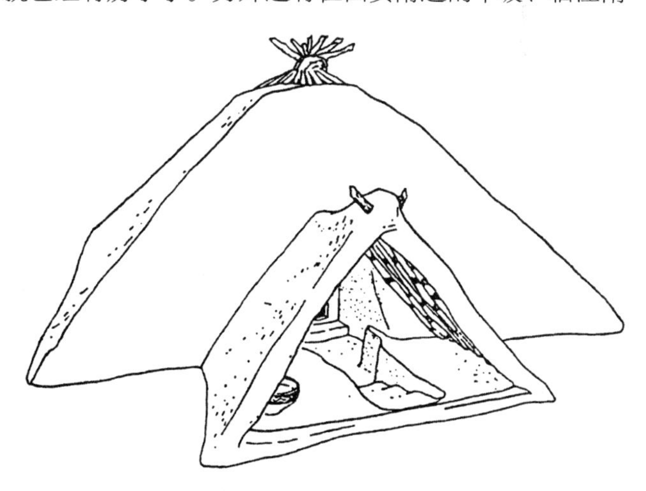

图4-1 半坡的半穴居形式

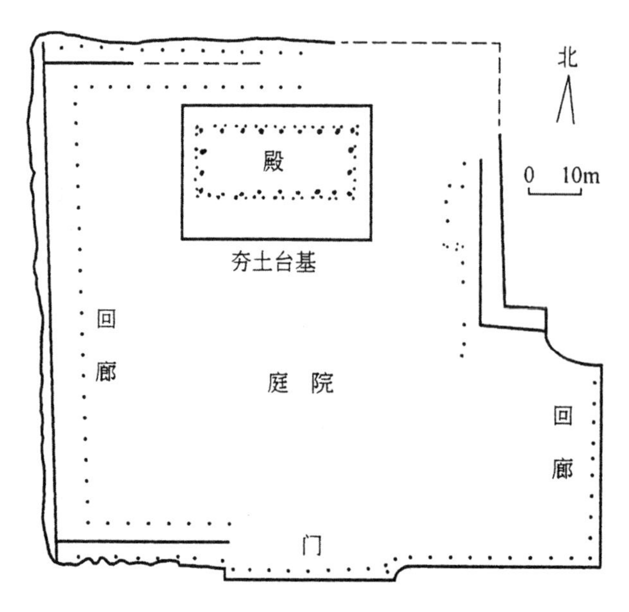

图4-2 河南偃师二里头的宫殿遗址

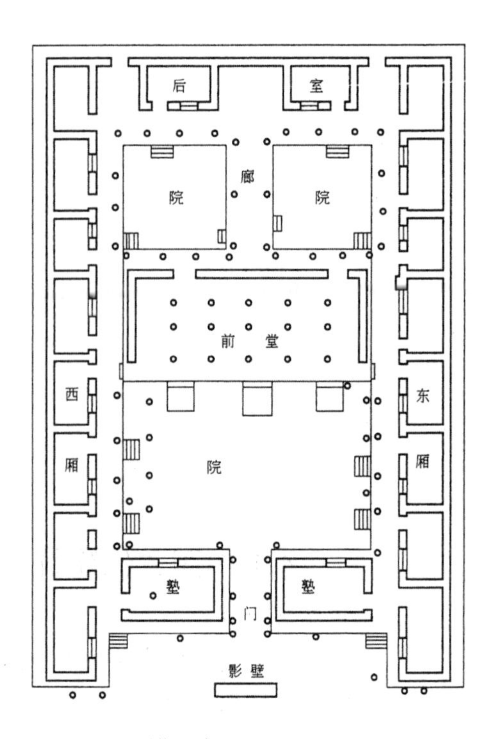

图4-3 西周时期的宗祠

图4-2是在今河南偃师二里头发掘到的一处宫殿遗址（平面图）。图4-3是在今陕西扶风和岐山两县交界处，发掘到的一处西周时期的建筑遗址，据研究这是一个宗祠。

我国古代最早的城市，大约始于殷周时期，周代最早的都城，在今陕西扶风、岐山一带，这里称周原，都城位于沣河，称丰镐。到了东周，迁都洛邑，即今之洛阳。此城规模较大，左右对称，并筑有内城外郭，如图4-4。我国古代的都城，有一定的规格，《周礼・冬官考工记》中说：“匠人营国，方九里，旁三门。国中九经九纬，经涂九轨。左祖右社，面朝后市……”图4-5是根据《三礼图》所绘的图。这里的意思是说：匠人规划和营建都城，城九里见方，每边有三个城门，城内纵横各有九条街道，每条街道的宽度，可以并排行驶九辆车。城内东边置帝王祖庙；西边置社稷坛，即祭谷神之所；城的南边是朝廷；北边是居民区和市场。

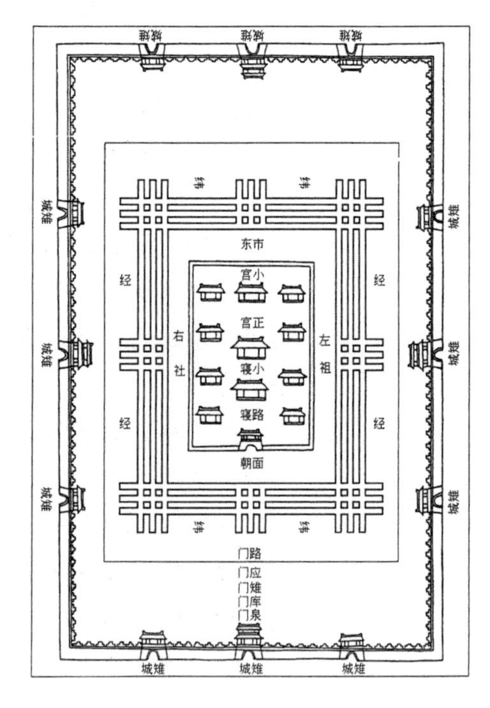

图4-4 周王城

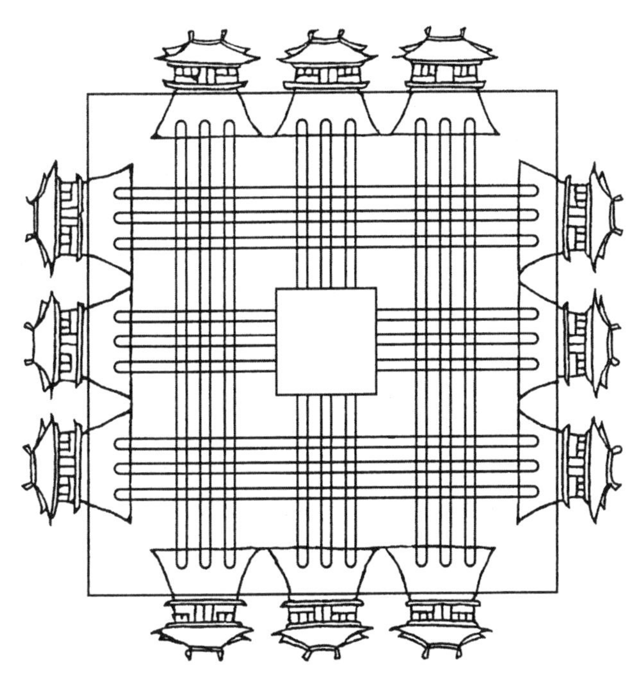

图4-5 据《三礼图》所绘的都城规格

（二）

秦代在建筑上有三大成就，即修筑万里长城、建造阿房宫和建造秦始皇陵。

万里长城是在战国时各国所建的长城的基础上修建的。秦统一中国后便拆除了那些相互分隔的城墙，在北方修筑长城，以抵御外族入侵。秦代的万里长城，西起临洮（今甘肃岷县），东至辽东，工程十分浩大。秦长城今几乎无存，现在我们所见到的是明代修筑的长城。

阿房宫是秦始皇的离宫别苑，位于都城咸阳以南。此宫已被西楚霸王项羽烧掉了，只留下遗址和文字记载。据《史记》所记，此宫“东西五百步，南北五十丈，上可坐万人，下可以建五丈旗……”，气度非凡。

秦始皇陵作为帝王之陵，这座陵墓堪称“世界古代第八大奇迹”。这座陵墓位于陕西临潼附近。墓东西345米，南北350米，高76米。近年来在陵墓的外围进行发掘，掘出大量的兵马俑、铜马车等，可谓举世无双。

西汉（公元前205年—公元25年）建都长安。汉长安城（图4-6）形状不甚规则。城每边设三座城门，城内建筑以宫殿为主，东为长乐宫，西为未央宫，北面还有明光宫、北宫、桂宫等，均很壮丽。东汉建都洛阳，城内街衢井井有条，规

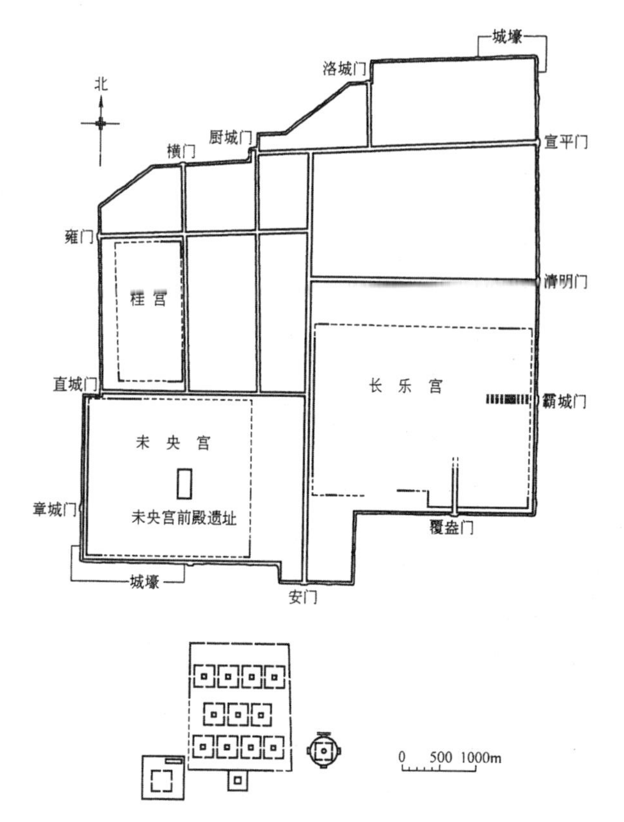

图4-6 西汉长安

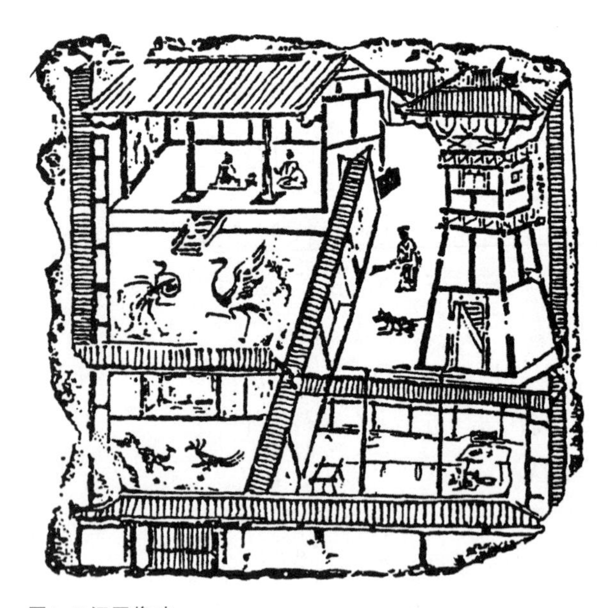

图4-7 汉画像砖

模也很大，是当时世界上一流的城市。洛阳共有12座城门，门外立有高高的双阙，雄伟壮丽。

汉代的建筑至今几乎无存，但我们能在一些画像砖上看到当时房屋的形象。图4-7是四川成都山上的汉画像砖，这是一个住宅，分左右两部分，左边有门、堂屋等，是住宅的主要部分；右边是附属性建筑，并有一座高楼。

佛教起源于印度，东汉永平年间传入我国，洛阳的白马寺是我国的第一座寺院。此寺初建于东汉，今之寺内建筑，已是明清时期所建的建筑了。此寺自南至北为山门、天王殿、大雄宝殿、千佛殿、观音阁、清凉台及台上的毗卢殿等。

汉代的陵墓，最辉煌的是汉武帝刘彻的茂陵。此陵墓周围有夯土方形城垣，每边长达400余米。里面的坟墓呈圆台形。蜀汉昭烈帝刘备的惠陵位于成都。此陵墓与诸葛亮武侯祠合在一处。

汉代多阙，阙的本意是望楼，是宫廷、住宅中的楼观，后来多建于墓前，作为象征之物。图4-8是四川雅安的高颐阙，建于东汉，石材，其一边有子阙。这种阙在墓前左右对称放置，从而形成墓道的中轴线。从形式上看是仿宫殿建筑的，上设屋顶，下有斗拱等石雕。

东汉以后，就是魏晋南北朝。先说都城：西晋建都洛阳，其宫苑形制悉如曹魏时期的邺城（今河北临漳），建造得井井有条，如图4-9。城内园林造得十分考究，最有名的是位于城东北的铜雀园。

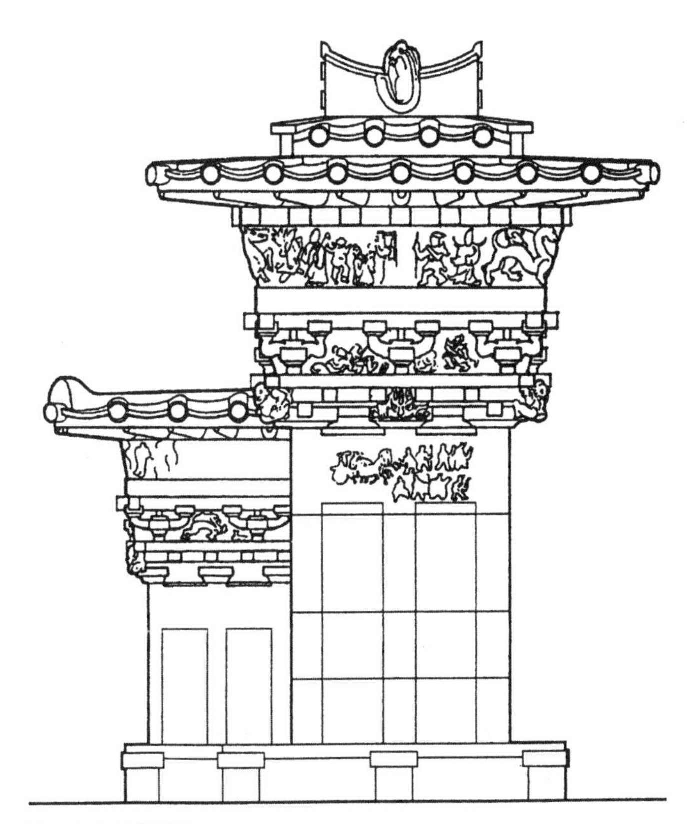

图4-8 东汉高颐阙

南朝建都建康，即今之南京，此城形态比较方正，城内宫城偏北，呈长方形。

魏晋南北朝时期的佛塔，今仅存嵩岳寺塔，建于公元534年（东魏），位于河南登封，如图4-10所示。

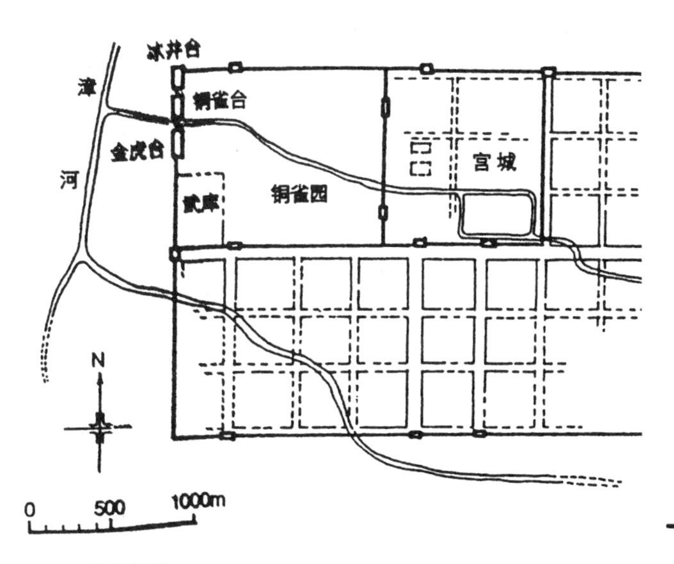

图4-9 曹魏邺城

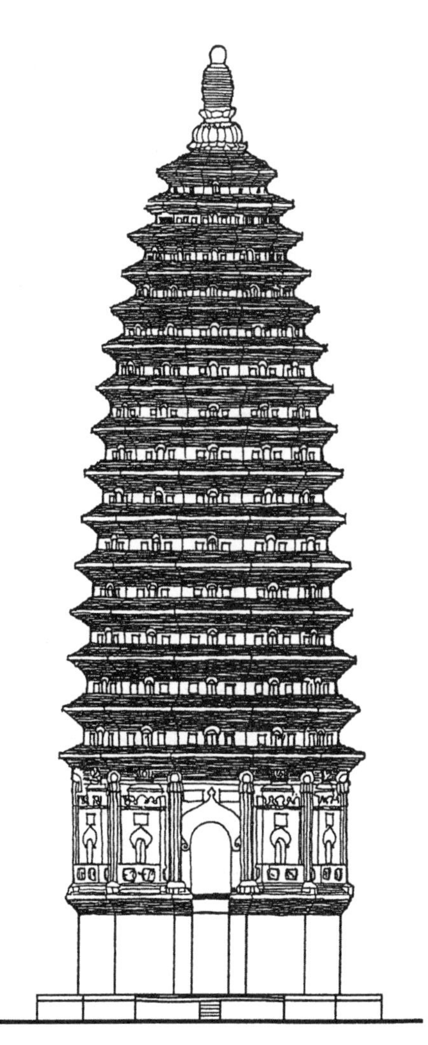

图4-10 嵩岳寺塔

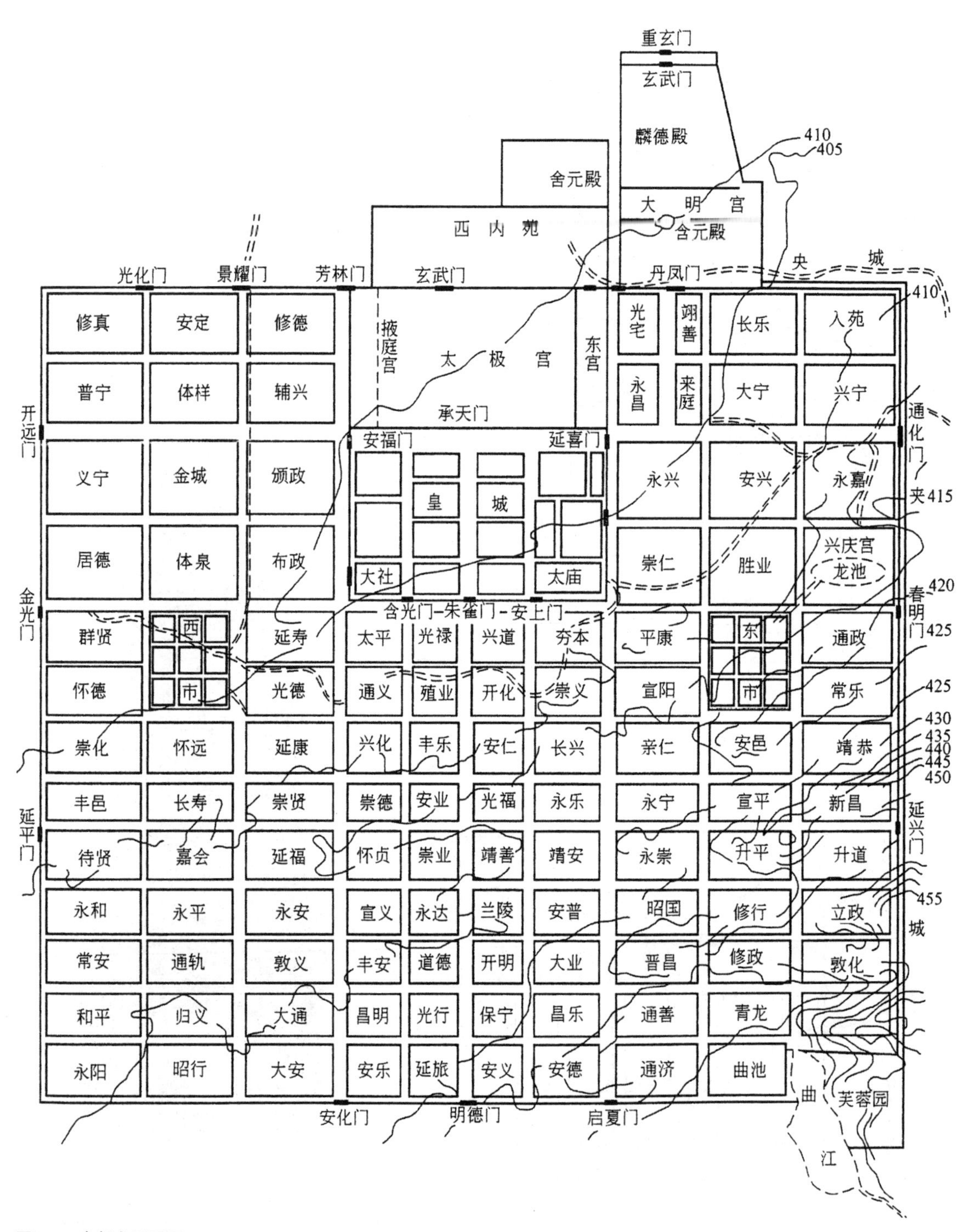

重玄门
玄武门
麟德殿
舍元殿
大明宫
含元殿
西内苑
光化门
景耀门
芳林门
玄武门
丹凤门
央
城
410
405
修真
安定
修德
掖庭宫
太极宫
东宫
光宅
翊善
长乐
入苑
普宁
体祥
辅兴
承天门
永昌
来庭
大宁
兴宁
开远门
安福门
延喜门
通化门
义宁
金城
颁政
皇
城
永兴
安兴
永嘉
夹415
居德
体泉
布政
大社
太庙
崇仁
胜业
兴庆宫
龙池
金光门
含光门-朱雀门-安上门
春明门
420
425
群贤
西
延寿
太平
光禄
兴道
务本
平康
东
通政
怀德
市
光德
通义
殖业
开化
崇义
宣阳
市
常乐
崇化
怀远
延康
兴化
丰乐
安仁
长兴
亲仁
安邑
靖恭
430
435
440
445
450
丰邑
长寿
崇贤
崇德
安业
光福
永乐
永宁
宣平
新昌
延平门
待贤
嘉会
延福
怀贞
崇业
靖善
靖安
永崇
升平
升道
延兴门
永和
永平
永安
宣义
永达
兰陵
安普
昭国
修行
立政
455
城
常安
通轨
敦义
丰安
道德
开明
大业
晋昌
修政
敦化
和平
归义
大通
昌明
光行
保宁
昌乐
通善
青龙
永阳
昭行
大安
安乐
延旅
安义
安德
通济
曲池
曲
芙蓉园
安化门
明德门
启夏门
江

图4-11 唐长安平面图

石窟也是一种佛教建筑形式，我国著名的石窟有：山西大同的云冈石窟，甘肃敦煌的莫高窟，河南洛阳的龙门石窟，甘肃天水的麦积山石窟，山西太原的天龙山石窟等。

山西大同的云冈石窟位于大同之西的武周山，共有53窟，有佛像、菩萨等共5万余尊。此石窟始凿于北魏。

（三）

隋（公元581—618年）建都大兴，位于汉长安的东南，即今之西安。唐代（公元618—907年）都城也定在此，图4-11就是唐长安都城平面图。城的东北是大明宫（皇宫），宫内有两座重要的建筑，一是含元殿，是大明宫的正殿，形态庄重，规模巨大。另一座是麟德殿，是皇帝赐宴群臣、大臣奏事、藩臣朝见的地方。

唐代佛寺甚多，其中山西五台山的南禅寺（图4-12）建于公元782年，距今已有1200余年，其结构部分为当时所建之原物。五台山的另一座建筑：佛光寺大殿也很古老，建于公元875年，如图4-13所示。

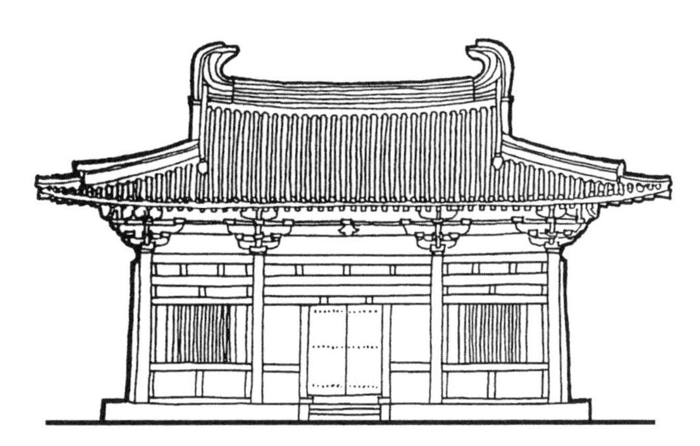

图4-12 南禅寺大殿

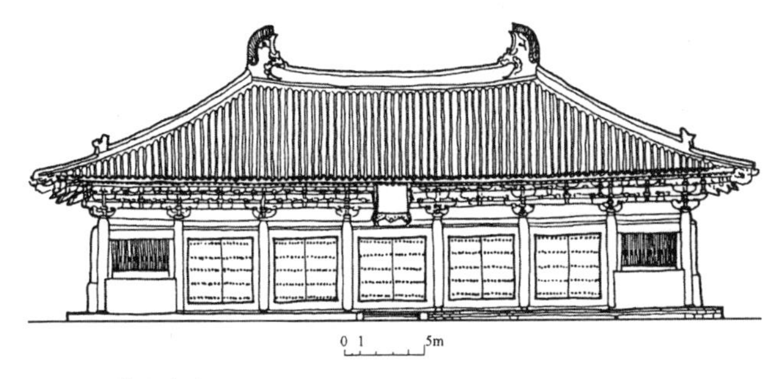

图4-13 佛光寺大殿

图4-14 大雁塔

图4-15 栖霞山舍利塔

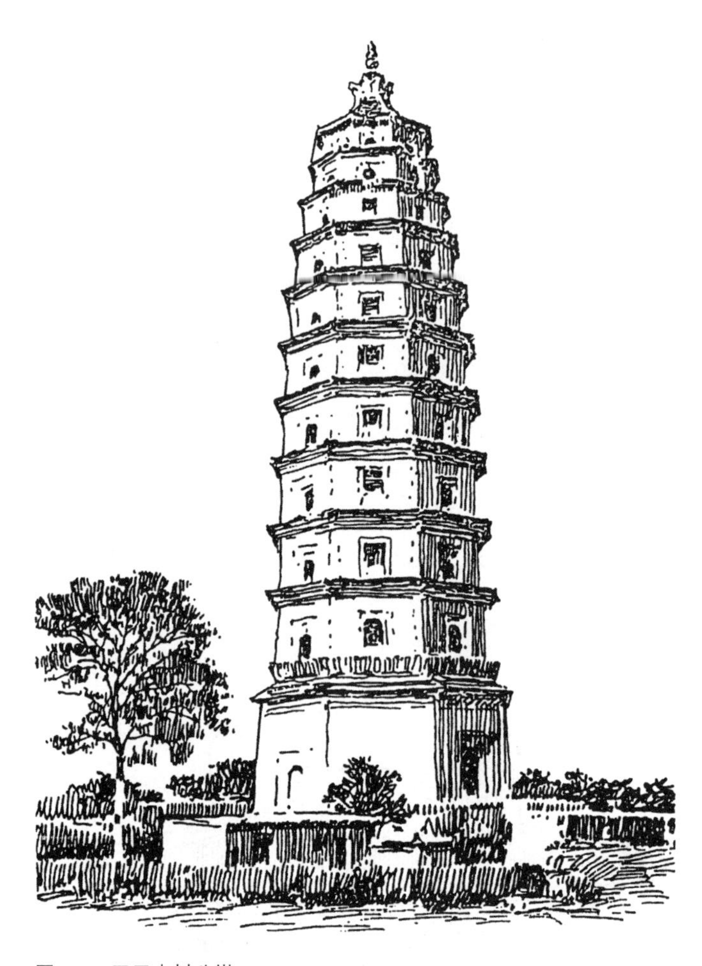

图4-17 开元寺料敌塔

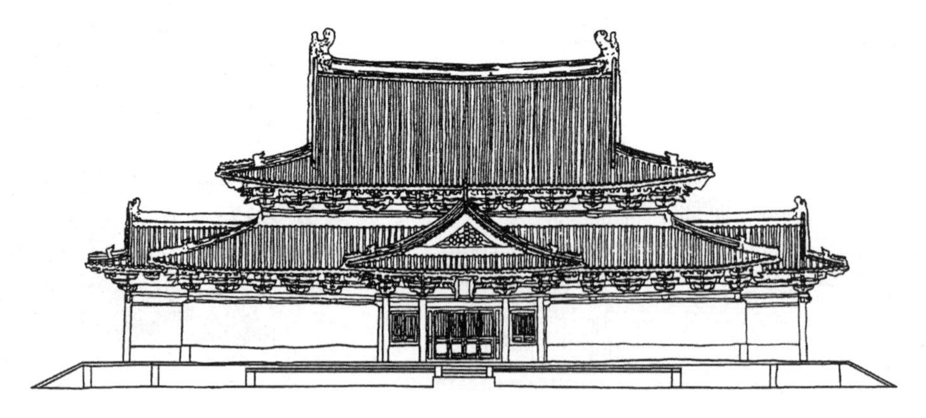

图4-16 龙兴寺摩尼殿

唐代的佛塔也很多，最著名的是大雁塔和小雁塔，这两座塔均在今西安市内。图4-14为大雁塔。

唐以后为五代十国，位于南京栖霞山的舍利塔（图4-15），建于南唐（公元937—975年），此塔为石构，八面五级，形态优美，比例适度，在古塔中属上品。

（四）

北宋建都汴梁，即今之开封。汴梁分外城、内城和皇城。皇城即皇宫，内城是都城的精华部分，内为各级衙署、住宅、市肆、寺院、道观、庙宇等，十分繁华。

北宋的佛教建筑，留存至今的还有好几座。河北正定的龙兴寺，其中的摩尼殿为北宋皇佑四年（公元1052年）所建之原物（图4-16）。

河北定县的开元寺内有座料敌塔（图4-17）。此塔建成于公元1055年，今之塔为当时所建之原物。

山西晋祠圣母殿（图4-18）为北宋崇宁元年（公元1102年）所建之原物。此建筑屋顶为重檐歇山式，面阔七间，进深六间，四周有围廊。殿正面八根木雕蟠龙柱，形象生动。

南宋都城临安（今杭州），是一座平面不规则的城市，城西有西湖，城东南有钱塘江。城内皇宫偏在城南。南宋被元所灭，好多建筑毁于战火。今存之南宋建筑，先说今杭州的六和塔。此塔始建于北宋，后毁，今之塔身于南宋乾道元年（公元1165年）建成。此塔七层，但外观为十三层，平面八角，高59.89米。

图4-18 晋祠圣母殿

其次说苏州的罗汉院双塔（图4-19），此双塔始建于唐代，今存之塔为南宋绍兴年间（公元1131—1162年）修复的。两塔形式基本相同，均为八角七级，平面六角。

苏州玄妙观三清殿，始建于南宋淳熙六年（公元1179年），殿顶为歇山重檐式，面阔九间，进深六间，造型雄伟。内设须弥座，上有三清像：元始天尊、灵宝道君、道德天尊。

辽（公元907—1125年），国号契丹，后称辽，与北宋南北对峙。辽与北宋多有战争，但也交往甚多，所以其文化受北宋的影响甚大。其中建筑形制基本已汉化。从现存的几座辽代的建筑可以看出，形式与汉已很接近，只是一些细部和构造方面略有差别。在此说几座有代表性的辽代建筑。

天津蓟县的独乐寺观音阁（图4-20）。建于辽代统和二年（公元984年），今存为当时之原物。阁内中间设须弥座，上置泥塑观音菩萨像。这座建筑的特点是中空，四周设两层回廊，空间构思独特。这座建筑已逾千年。1976年唐山大地震，阁附近的建筑几乎都震毁了，但它却安然无恙，可谓奇迹。

山西应县佛宫寺释迦塔，俗称应县木塔（图4-21），建于辽代清宁二年（公元1056年），今仍为原物，是如今留存的最古的木塔了。此塔平面八角，五层六檐（底层重檐，但内部有九层，其中四层是暗层）。塔高67.13米，形态庄重雄伟。

天宁寺塔位于今北京市内，始建于北魏，初名光林寺，后屡有圮建，明初建寺时定名天宁寺。寺中之塔始建于辽代（图4-22），此塔十三层，密檐式，造型雄伟。

图4-19 罗汉院双塔

图4-20 独乐寺观音阁

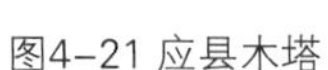
图4-21 应县木塔

图4-22 天宁寺塔

山西大同的善化寺，创建于唐代，后毁。金代天会六年（公元1128年）重建。今寺内主体建筑大雄宝殿是辽代所建之原物。寺内普贤阁、三圣殿及山门等为金代所建之原物。

（五）

元代都城元大都（今北京），照《周礼》的形制，城分三套：外城、皇城、宫城。城周共设11个城门。城内街道，正东西、南北向布局，十分整齐。在城的北面，开辟出大片草地，供帝王们骑射之用。

今北京阜成门内有妙应寺白塔，此塔建于元代至元八年（公元1271年）。塔高50.9米，下为三层方形折角须弥座，上覆莲座和承托塔身的环带形金刚圈（图4-23）。华盖周围悬挂36个铜质透雕流苏和风铃，华盖上约有高5米的同质塔形宝顶。

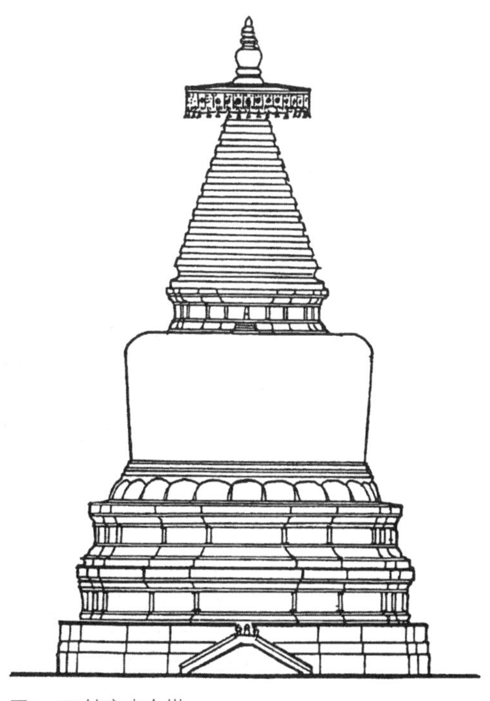

图4-23 妙应寺白塔

山西芮城的永乐宫，为元代所建的道教建筑。宫内建筑中轴线布局，自南至北分别为宫门、无极之门、三清殿、纯阳殿、重阳殿。图4-24是三清殿立面。殿内四壁及神龛内满是壁画，绘于13世纪，线条飘逸流畅，构图统一、饱满。纯阳殿、无极之门和重阳殿内也有壁画。公元1959年因修三门峡水库，永乐宫从永济搬迁到芮城（否则整座宫都要被水淹掉），总共960平方米的壁画（原作），在新地方的建筑中复位，这可谓奇迹了。

4.2 中国古代建筑（下）

（一）

明清时期的建筑，我们先说都城、宫殿、坛庙和陵墓。

明代定都南京。这里在南唐时称金陵，明太祖朱元璋在此建都，改名南京。建设从公元1366年开始，至公元1386年建成。城周长37140米，城墙平均高14.21米，有13座城门。由于地形的原因，南京是一座不甚规则的城市，西北有长江，东北有钟山，南有秦淮河，北有玄武湖。城设三重：外城、应天府城、皇城。

公元1402年，明成祖朱棣登极，并迁都北京。清代仍定都北京。明清北京分外城、内城、皇城三重，但皇城内还有一重——紫禁城。外城在内城之南。内城是元大都城改建的，共设九座城门：东直门、朝阳门、崇文门、正阳门、宣武门、阜成门、西直门、德胜门、安定门。外城共设七座城门：东便门、广渠门、左安门、永定门、右安门、广安门、西便门。

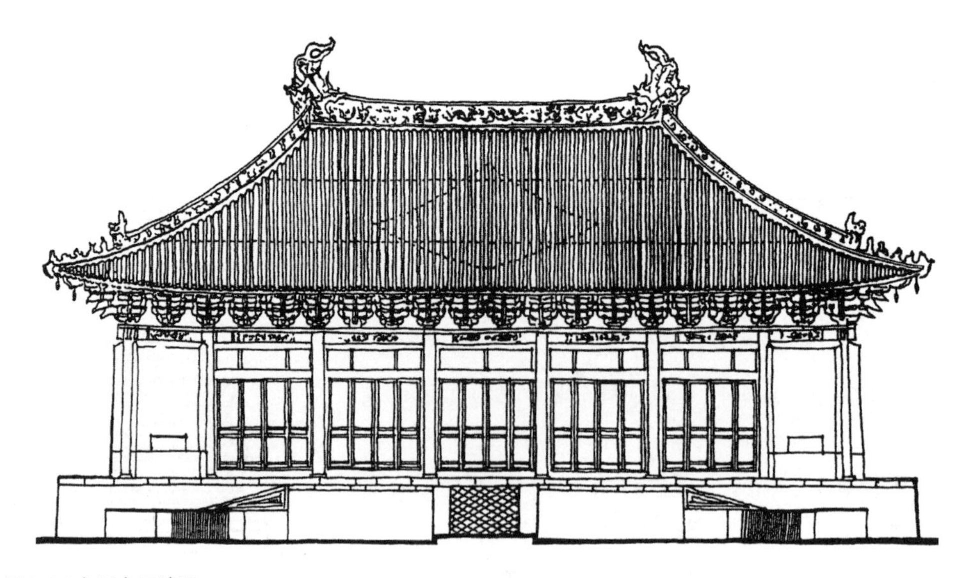

图4-24 永乐宫三清殿

皇城正南是天安门，向北是端门、午门。东是太庙，西是社稷坛。午门内是紫禁城。向北又一重门——太和门。门内为“前三殿”：太和殿、中和殿、保和殿。再向北为乾清门，门内为“后三殿”：乾清宫、交泰殿、坤宁宫。然后是坤宁门，内有钦安殿，北为神武门。图4-25为北京明清故宫紫禁城的平面图。

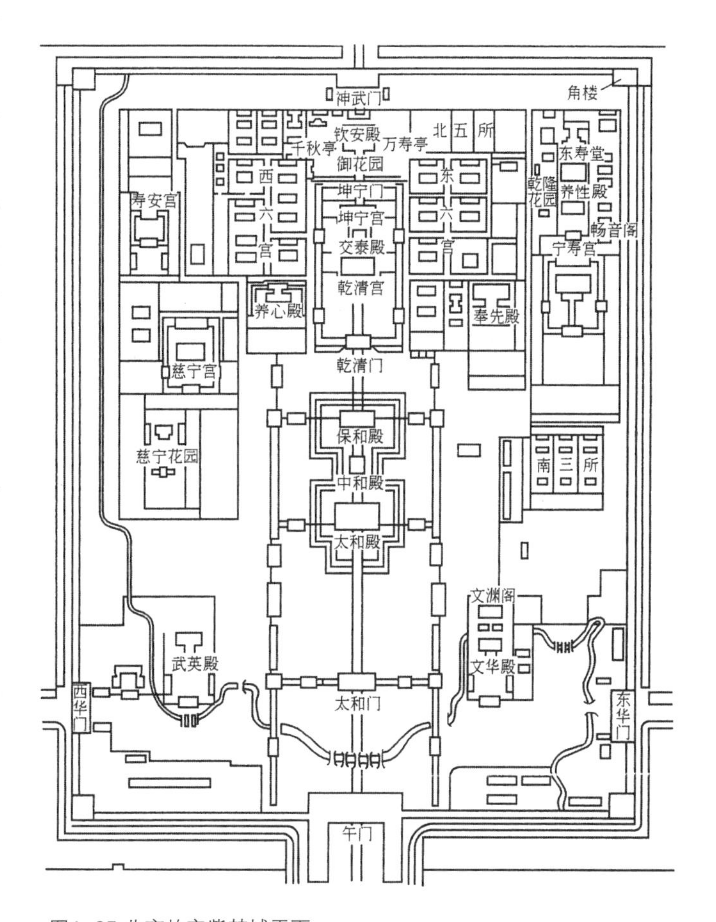

图4-25 北京故宫紫禁城平面

太和殿建筑形制为最高等级，用重檐庑殿屋顶，上设黄色琉璃瓦，每个屋角有10个走兽，其数量也是所有建筑中最多的。此建筑正面十一开间，开间的数量也最多。图4-26是太和殿的正立面。

“前三殿”建在同一个三层白石台基上。这里是皇帝及文武百官上朝的地方。“后三殿”是皇帝皇后生活起居的地方。乾清宫内也是皇帝处理日常政务之处。这座建筑正面九开间，其余形制与太和殿相仿。

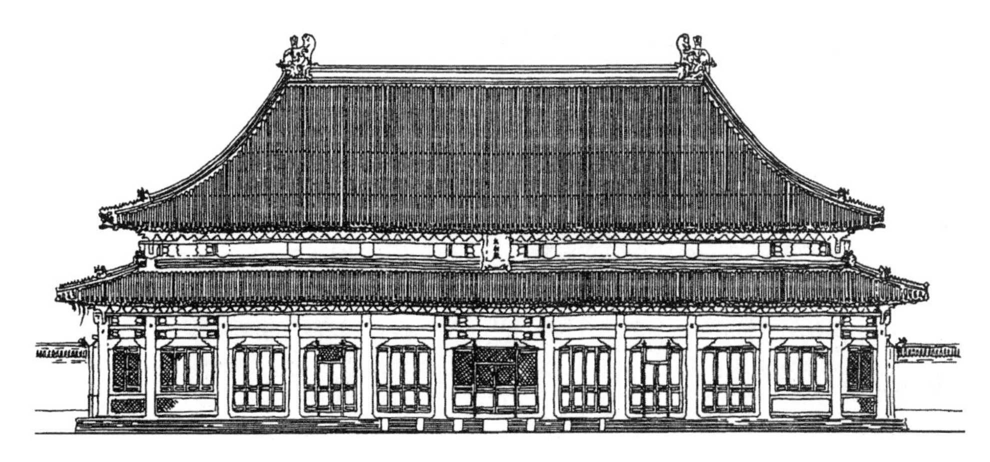
图4-26 太和殿

坛庙和陵墓：太庙位于皇宫的东南侧，始建于明永乐十八年（公元1420年），由前殿、中殿、后殿三座主殿组成。左右两边设配殿。前殿建在三层白石台基上，面阔十一间，庑殿二重檐屋顶，上盖黄色琉璃瓦。这里置放的是皇帝祖先的神位。

北京故宫中与太庙东西相对的是社稷坛，如今这里变为中山公园，但坛仍在。社即土地神，稷即五谷神。此坛建于明永乐十九年（公元1421年）。

天坛位于北京外城中轴线东侧。这是明清帝王祭天的地方。天坛主要建筑有祈年殿、皇穹宇和圜丘。祈年殿（图4-27）平面为圆形，象征“天圆地方”。上面有三重檐圆攒尖屋顶。

山东曲阜孔庙是全国最大的孔庙，这个巨大的建筑群，内有三殿一阁、三祠一坛、两屋两廊两斋、十七亭、五十四门等。主体建筑大成殿面阔九间，进深五间，屋顶重檐歇山式，上盖黄色琉璃瓦。殿正面十根蟠龙石雕柱，很有艺术特色。

明代朱元璋陵墓明孝陵在南京，其余十三个皇帝的陵墓均在北京，即明十三陵。清代皇帝的陵墓最早四陵在关外，后来的帝陵也在北京附近，分东西两处，东陵位于河北遵化的马兰峪，为顺治、康熙、乾隆、咸丰、同治等陵；西陵位于易县永宁山，为雍正、嘉庆、道光、光绪等陵。

（二）

明清时期的佛教建筑，以喇嘛教寺庙最著名，西藏拉萨的布达拉宫始建于公元7世纪，图4-28为布达拉宫外貌，形态庄重雄伟，为藏族建筑风格。

图4-27 天坛祈年殿

普陀宗乘位于河北承德，公元1767年始建，如图4-29所示。

普宁寺建于公元1755年，这座建筑综合汉藏寺庙形式。寺中最主要的建筑是大乘阁，如图4-30，此建筑高达36米，外观正面六层垂檐，阁内置千手千眼观音木雕贴金立像。

北京大正觉寺的金刚宝座塔，建于明代成化九年（公元1473年），是仿古印度菩提迦耶佛祖塔的形式，塔下部为金刚宝座，共五层，台上五座小塔，中间主塔十三层檐，高8米，四角四座十一檐，高7米。

图4-28 布达拉宫

图4-29 普陀宗乘

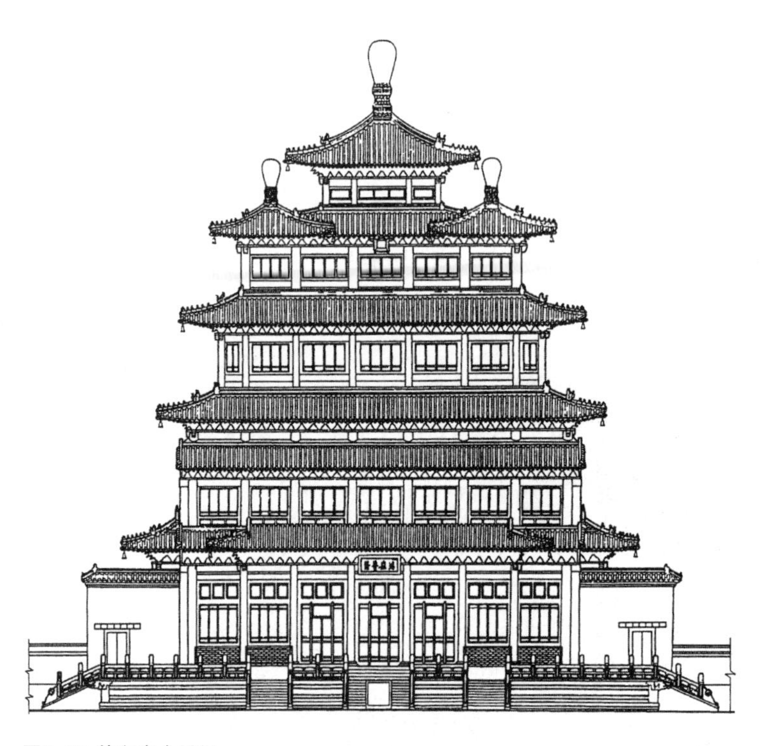

图4-30 普宁寺大乘阁

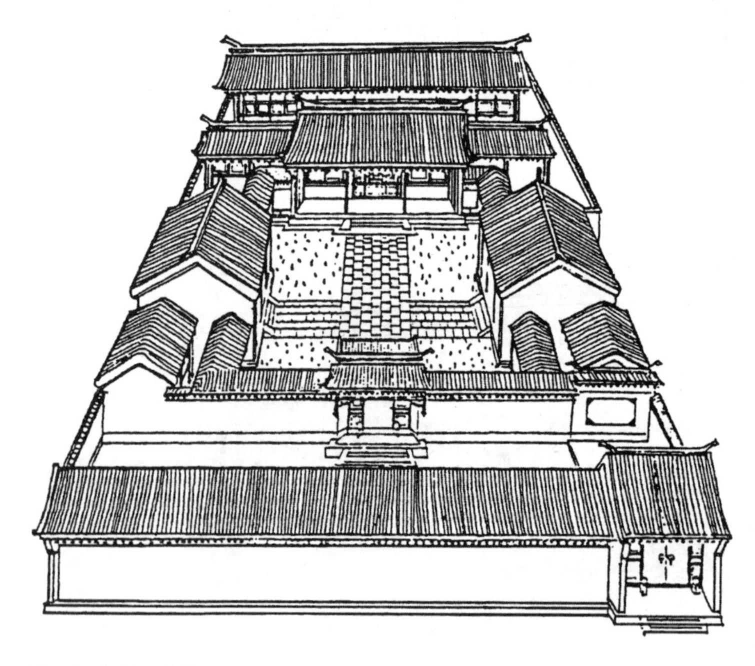

图4-31 北京四合院

（三）

我国古代民居，按地域分，有北京四合院、江南水乡民居、皖南民居、福建土楼、黄河流域窑洞、东北大院、四川坡地民居、内蒙古的蒙古包等等。在此举三例。

北京四合院。这种住宅是我国古代最典型的多进式住宅。图4-31是个三进式的四合院，中轴线对称布局，入口在东南角，最南边是“倒座”，可放杂物也可供来客过夜。小院之北一垛墙，正中垂花门，里面是个大院子，院北为厅，院东西两边是厢房。经过大厅，又是一个院子，两边也是厢房，院北是朝南正屋，为屋主人的住所，晚辈则住厢房。

江南水乡民居，以图4-32为例，这是苏州东北街陈宅。宅南有大路，西有河，北有小路。住宅基本上也是中轴线布局，宅内有东、西两条中轴线。大门内一个院子，正对面是轿厅，第二进也是大厅，然后是第三、第四进。北面有后门，出入方便。

福建土楼。这种民居多为圆形，规模甚大，里面可住几十户人家。图4-33是闽西南靖的怀远楼，其直径达40米，共四层。有四座楼梯，用环廊相通。院子中间设祖堂。每家自上至下为一间，下为厨房、杂用，二层放粮食，三、四层为起居室和卧室。

（四）

我国古代的园林，按其性质大体可分三类：皇家园林、私家园林和寺庙园林。

皇家园林有代表性的如北京颐和园、圆明园、北海和中南海，以及承德的避暑山庄等。颐和园本来叫清漪园，为乾隆皇帝所建。公元1860年此园被英法联军所毁，后来慈禧太后挪用海军经费重修此园，并改名颐和园。图4-34是万寿山向南鸟瞰之形象。

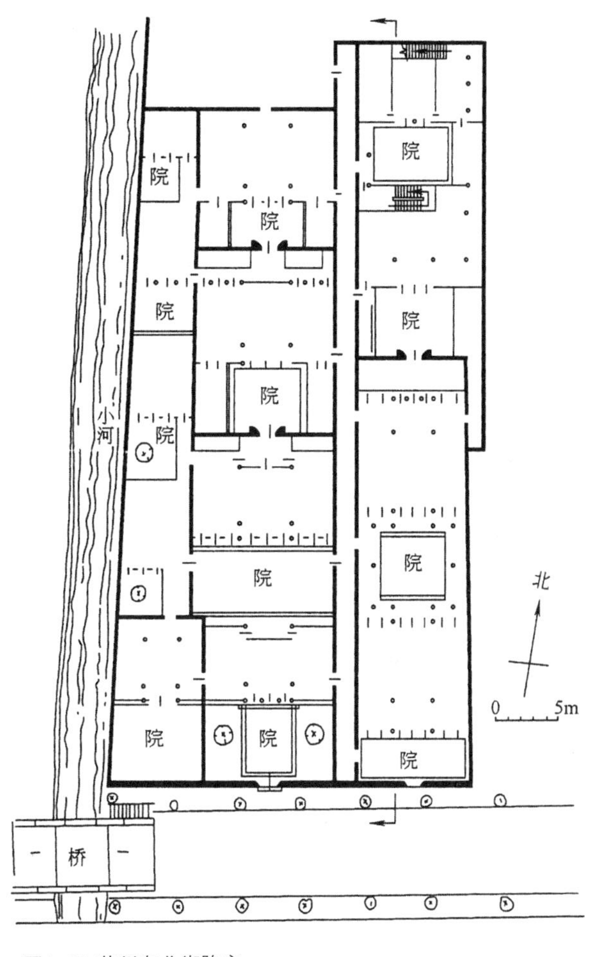

图4-32 苏州东北街陈宅

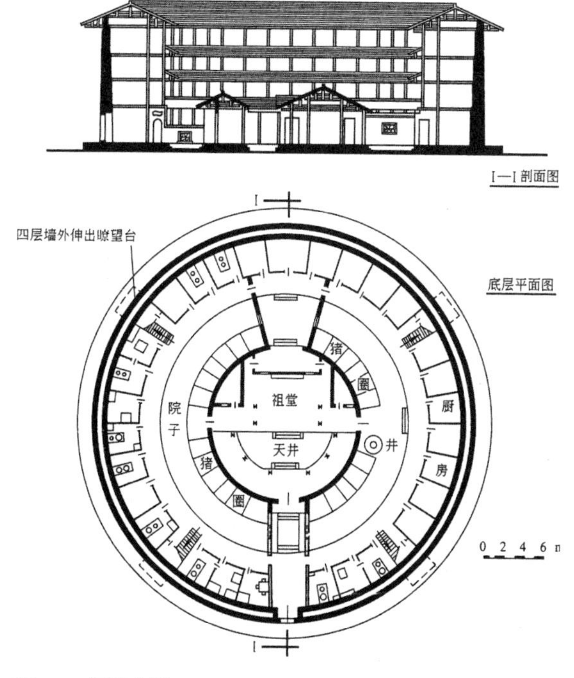

图4-33 福建土楼

承德的避暑山庄是清代帝王的行宫，位于承德市北。此园于公元1790年建成。园分宫殿区、湖区、平原区和山区四部分，共设三十六景，如“烟波致爽”、“无暑清凉”、“水芳岩秀”等等。后来乾隆皇帝又加建三十六景，如“水心榭”、“冷香亭”、“宁静斋”等等。

明清时期，江南一带私家园林兴建成风，有“江南园林甲天下”之说。其中以苏州、扬州为最多。苏州拙政园建于明代正德年间，占地四万余平方米（图4-35）。园以水景为主，建筑讲究意境，如远香堂，是由于面临河池，夏日荷花盛开，清香满堂，故名。又如留听阁，阁前的池中植有荷花。此阁之名就取自唐代诗人李商隐的诗句“留得枯荷听雨声”，意境非同凡响。

无锡寄畅园也是著名的江南园林，位于无锡市内锡山附近。此园最大的特点是“借景”，人若坐在环翠楼前的平台上向南望，可以看到远处的锡山和山上的龙光塔，山和塔似属园中之物，所以叫“借景”，这是造园的主要手法之一。

图4-34 颐和园

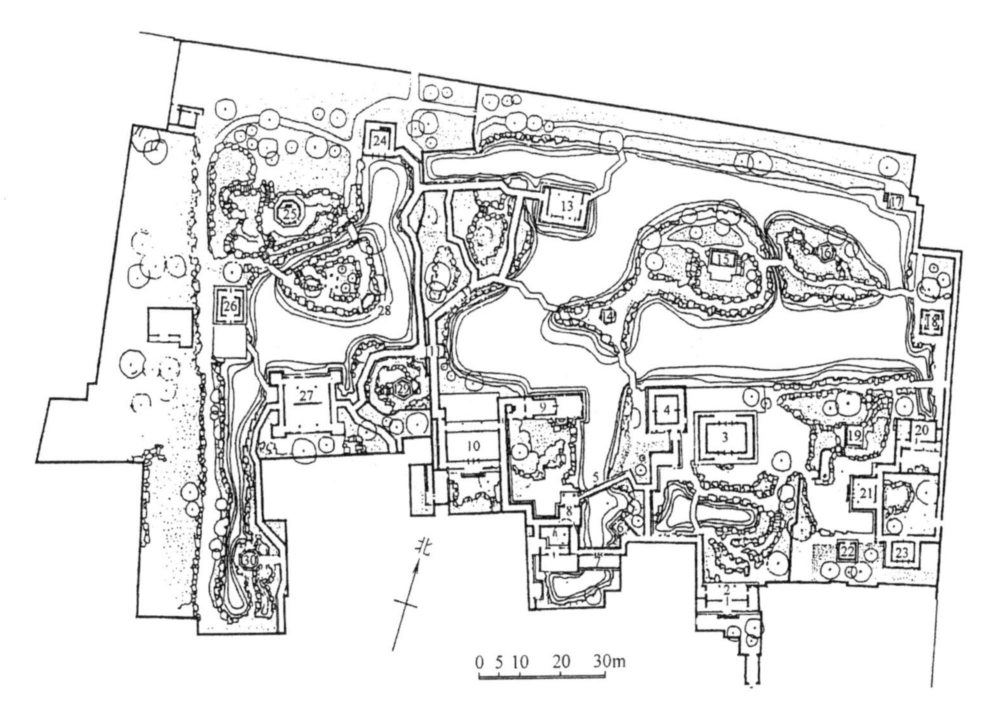

1.园门；2.腰门；3.远香堂；4.倚玉轩；5.小飞虹；6.松风亭；7.小沧浪；8.得真亭；9.香洲；10.玉兰堂；11.别有洞天；12.柳荫曲路；13.见山楼；14.荷风四面亭；15.雪香云蔚亭；16.北山亭；17.绿漪亭；18.梧竹幽居；19.绮亭；20.海棠春坞；21.玲珑馆；22.嘉宝亭；23.听雨轩；24.倒影楼；25.浮翠阁；26.留听阁；27.三十六鸳鸯馆；28.与谁同坐轩；29.宜两亭；30.塔影亭

图4-35 拙政园总平面

（五）

我国古代建筑到了明清时期，形式已基本完备。清代雍正年间颁布的《工部工程做法则例》，较详细地作了建筑形式的制度化的记述。

屋顶，归纳起来大体有四种基本形式，如图4-36。在此基础上，再变化出其他许多形式，如歇山重檐、四角攒尖、圆攒尖、盝顶等等，如图4-37。其实，根据这种方式，还可以变出其他许许多多的屋顶形式。

我国古代建筑木构形式，有梁架式、穿斗式及井干式等。图4-38就是梁架式和穿斗式屋架简图。井干式一般只在林区和一些少数民族地区使用。这种建筑的墙和屋顶全部用木材。如今木材宝贵，所以井干式不值得推广。

梁架式的种类很多，有五架梁、七架梁、九架梁等等，还有桁条成双数的，四架梁、六架梁、八架梁等等，这种形式称卷棚式。另外还有带廊的形式等。

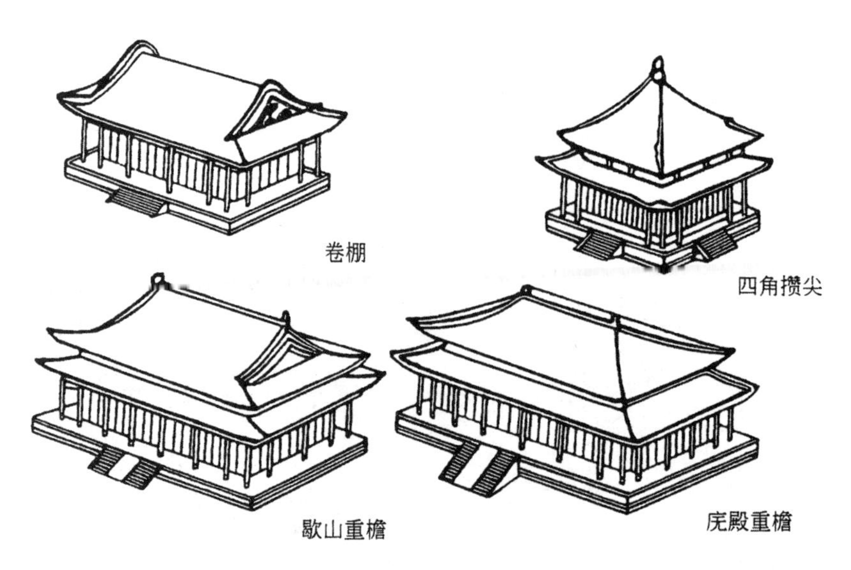

图4-36 屋顶的基本形式

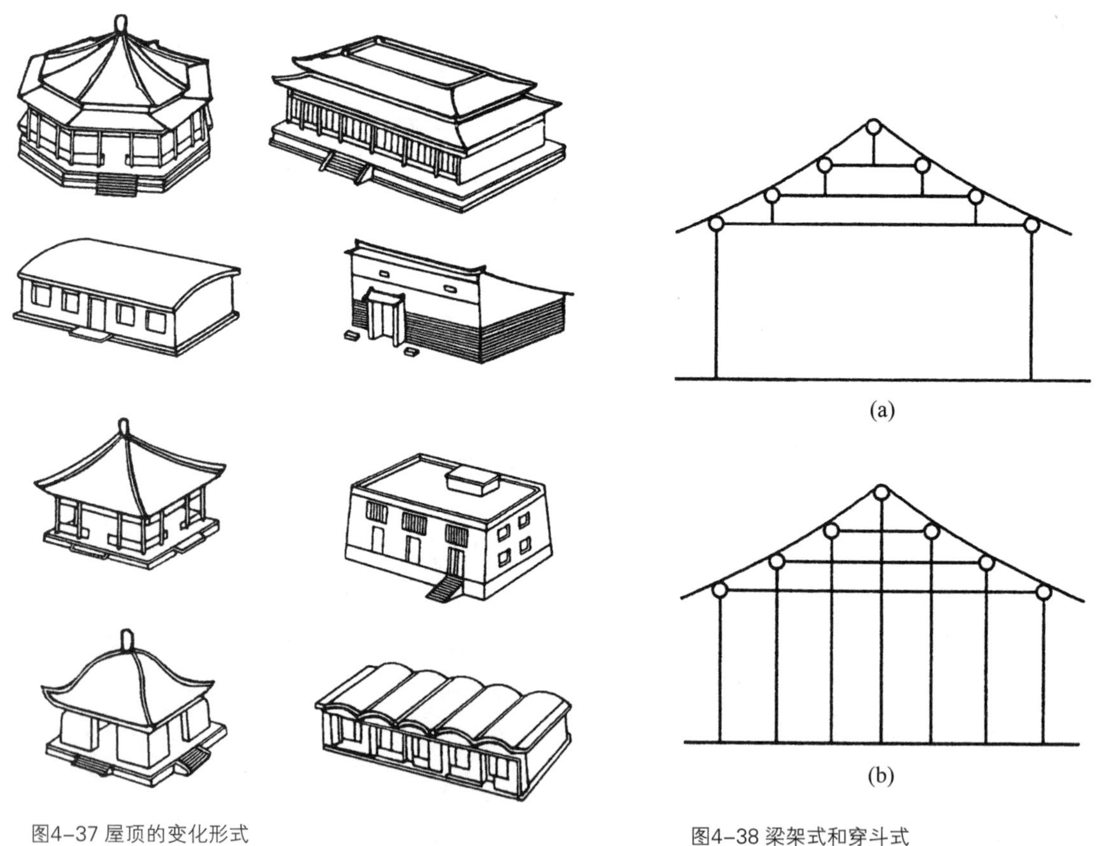

图4-37 屋顶的变化形式

图4-38 梁架式和穿斗式

清代，梁架式的具体做法称举架。由于各步的宽度和高度之比不同，所以屋面不是平面而是曲面。图4-39是七架梁的做法。从图中可知，檩（即桁条）与檩的水平距离是一样的，称“步”，即图中的*a*；它的高度是变的，最下面（即靠近屋檐处）升高0.5*a*（两者合称一个“步架”）；第二步就要升高0.7*a*，到了顶上的第三步，则要升高0.9*a*。如果是九架梁，则举高分别为0.5*a*、0.65*a*、0.75*a*、0.9*a*。

门窗有两种，一种是实板的，不透光；另一种用窗格，再在窗格上糊皮纸，既能透光，又能御寒风。所以这种花格一般都做成细格子，糊上皮纸，不易损坏。另外还有漏窗，直接开在墙上。先在墙上留出一个洞，形状可方可圆，或菱形、八角形等其他形状，然后用砖或瓦拼出图案，如图4-40所示。这种漏窗在园林建筑中用得较多，富有艺术情趣。

比较考究的建筑，往往要做高高的台基。这种台基形式也比较多样，有些重要的建筑，台基做成须弥座形式，在宫殿、庙宇中多用。图4-41是一种比较典型的须弥座。

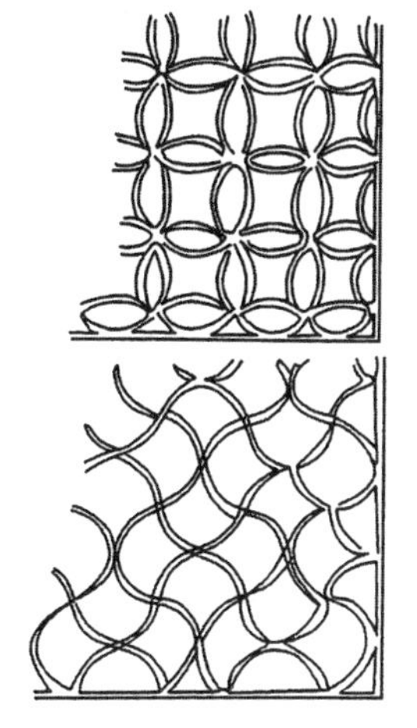

图4-40 漏窗

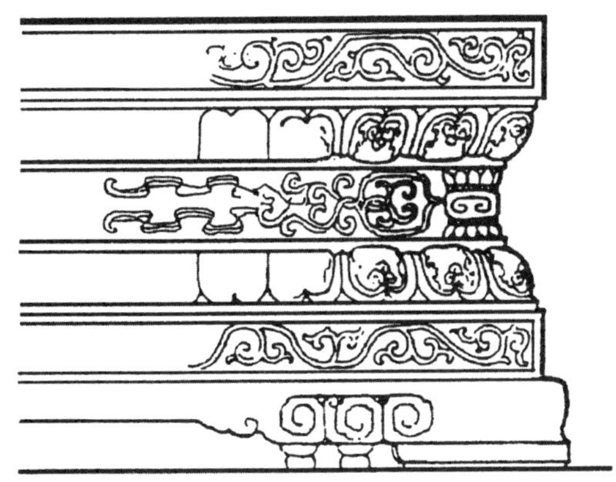

图4-41 须弥座

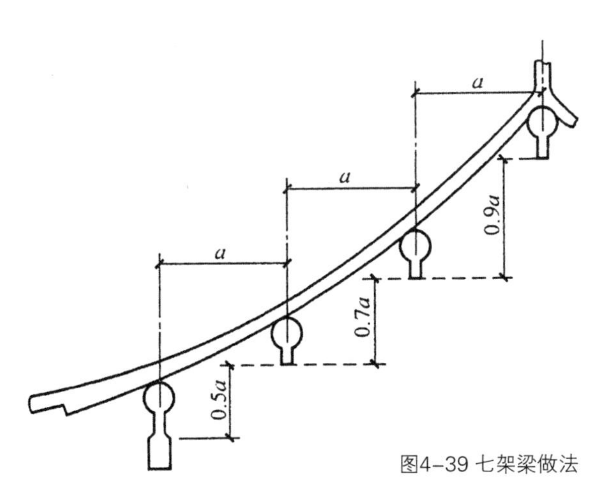

图4-39 七架梁做法

栏杆是分割空间用的，有的栏杆也可以在上面就坐。栏杆的种类很多，从材料来分，可以分为石栏杆、木栏杆、竹栏杆等。图4-42是比较典型的石栏杆式样。

我国古代建筑中的铺地也很讲究，一般多用石、砖、瓦及乱石等材料，做成各式各样的图案。有的还拼出许多吉祥如意的图案形式，如用卵石拼出一个瓶，瓶中装三把戟，有“平升三级”的寓意。

最后说我国古代建筑上的色彩。建筑色彩的艺术法则，可以归纳为下述几点：

第一，我国古代建筑上的色彩，具有强烈的等级观念。如建筑中的柱子、屋顶、墙面等的颜色，都有等级的意义，不能随便乱用。如屋顶，只有皇家建筑或高级别的寺庙才能用黄色琉璃瓦。

第二，以民俗文化观念与宗教观念相结合来处理建筑色彩。如佛教建筑的墙面，用红色或黄色，也有用白墙的。民居一般多用黑瓦白墙，也有的用灰瓦灰墙。

第三，我国古代建筑的色彩，还讲究文化内涵，如皇家建筑，往往做得金碧辉煌，色彩很强烈，表现出宫廷气、富贵气。文人士大夫的建筑，多用黑、白、灰及棕色，文秀素雅，显示出文士气、书卷气。

我国古代建筑中的色彩，还要说彩画。彩画多为皇家建筑中所用。彩画类型较多，如和玺彩画、旋子彩画、苏式彩画等。图4-43是旋子彩画图案。彩画多在建筑的梁枋、椽子、雀替及天花板等处绘制，这些地方阳光不易晒到，颜色不容易褪掉。

图4-42 石栏杆

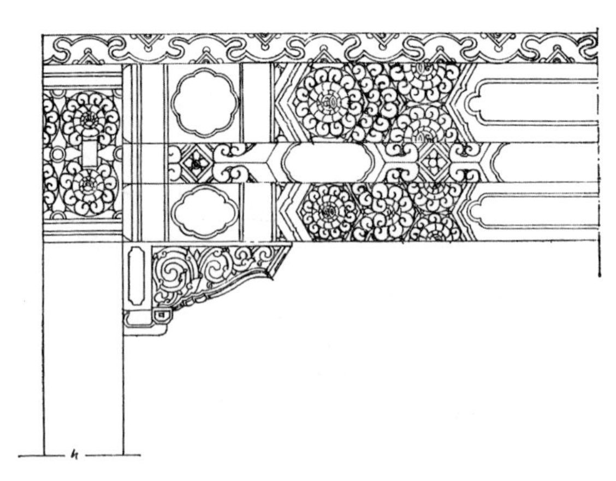
图4-43 旋子彩画

4.3 中国近现代建筑

（一）

鸦片战争以后，中国从古代走向近现代。中国的建筑，也就从这个时期开始，为之一大变。这个时期称半殖民地半封建社会，随着西方文化的东渐，在我国便陆续建造起教堂。如上海，作为“五口通商”（1842年英国强迫清政府签订的《南京条约》中规定，广州、福州、厦门、宁波、上海为通商口岸）的城市之一，早在19世纪中叶，便建造起教堂了。1847年建造的上海徐家汇天主堂是罗马风格的，1853年建造的上海董家渡天主堂是巴洛克式的，1869年建造的上海江西中路圣三一堂是罗马风格兼哥特式的。后来1911年改建徐家汇天主堂是典型的哥特式，如图4-44所示。

图4-44 上海徐家汇天主堂

北京也建有许多教堂，如1775年建造的宣武门南堂，1884年建造的八面槽东堂及1887年建造的西什库北堂等等。

在广州，最有代表性的是圣心教堂（俗称石室），建于1863年。这也是一座典型的哥特式教堂。

天津的老西开教堂（又称法国教堂），建于1917年，位于天津市和平区滨江道独山路原墙子河外老西开。其形式属罗马风格。

北京圆明园，由圆明园、万春园、长春园三园组成，其中长春园内建有好几座西洋建筑，主要有谐奇趣、养雀笼、方外观、远瀛观、海晏堂、线法桥、大水法等等，大多都是西方巴洛克式建筑。图4-45是其中的“大水法”残迹。这些建筑年代约在1745年至1759年之间。

图4-45 长春园内的“大水法”

20世纪初，西式建筑在中国大量涌现，特别是在上海租界。上海南京路上的“四大公司”，即先施公司、永安公司、新新公司、大新公司，当时最为风光。先施公司1915年始建，高七层，如图4-46；后来在其对面又建起了永安公司；1926年，在先施公司之西又建造了新新公司；最后建造的是南京路西藏路转角处的大新公司。后来永安公司于1933年又在原楼的东侧建楼，高达20层（图4-47），并用天桥与老楼相接。

上海公济医院最早建于1864年，1877年迁至北苏州路四川北路附近，其中门诊部为二层砖木结构，主楼（病房）为钢筋混凝土结构，前部五层，后部六层，是20世纪初重建的。

中法学堂，位于上海金陵东路西藏南路，建于1913年，三层清水砖墙，为西方折中主义风格，如今改名为光明中学。

图4-46 先施公司

图4-47 永安公司

（二）

随着社会的变革，人们的生活方式也起了变化，从而住宅也就改变了形式。上海的住宅，从20世纪初开始，陆续建造起许多里弄住宅、花园式里弄和别墅。在这里说一些比较典型的实例。

上海厦门路尊德里是一个比较典型的近代里弄，内有许多典型的“石库门房子”。宅的底层有小天井，朝南为客堂间，两边是厢房，后面是灶间，二楼中间可以做客堂间，也可以做卧室，两边也是厢房。灶间的楼上一小间叫“亭子间”，可以供仆人或子女作卧室。这种住宅比较实用，又经济，所以当时上海、天津等地大量建造。图4-48是上海厦门路尊德里的一个单元的平面图。

家境比较好的人家，住的是花园式里弄房子。上海的凡尔登花园（今称长乐新村），位于陕西南路长乐路，建于1925年，是一个比较理想的住宅小区。这种住宅为两层，前面有一个独家使用的花园，每户均有，环境优雅，适宜居住。

更高档的居住建筑是独立式住宅，即别墅。上海铜仁路的吴同文宅，此建筑有四层，规模甚大，其形式为西方现代主义，如图4-49所示。近代上海的别墅很讲究建筑风格，除了现代主义外，还有英国式、法国式、印度式、日本式、西班牙式、德国式、北欧式及殖民地式等等。所以上海近代建筑被称为“万国建筑博览会”。图4-50是上海福开森路（今武康路）上的一座别墅，其风格属英国乡村式。

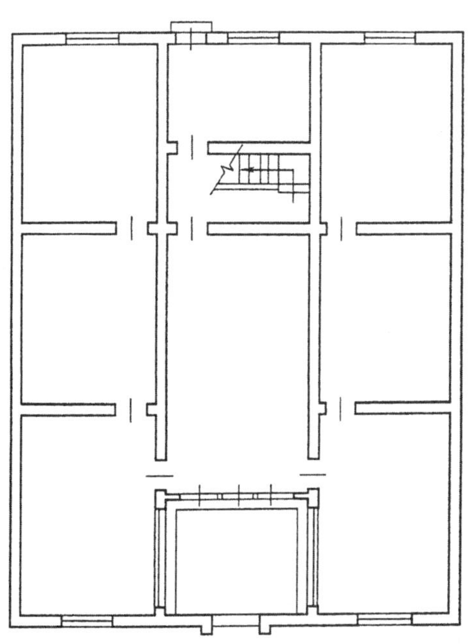

图4-48 厦门路尊德里住宅

图4-49 上海铜仁路吴同文宅

图4-50 上海福开森路某宅

马勒住宅位于上海今延安中路陕西路口，这是一座典型的别墅，建成于1936年，被称为上海最古怪的建筑，其形式属北欧式，外形变化甚多（图4-51），屋顶上有几座尖塔，还有许多“老虎窗”，即屋顶上的窗子。

天津近代也有好几座漂亮的别墅，这些别墅大多都是军政要人和社会名流的寓所，如军阀孙传芳住宅、北洋政府大总统徐世昌住宅、洋行买办孙颂宜住宅以及近代著名学者梁启超的住宅等等。

当时的公共性建筑也大量建造，无论是商店、银行、饭店、学校、医院、邮政局、电报电话局、戏院、电影院、体育场馆等等，如雨后春笋般地出现了。以上海为例，说几个典型实例。首先说汇丰银行。此建筑位于上海外滩中山东一路福州路口，今为浦东发展银行。此建筑建成于1923年，建筑属罗马复兴式，但除了中间的圆穹顶外，下面的形式基本上属古典主义，它严格按照古典主义的比例，上面的檐部、中间的墙柱及下部的基座，其高度之比为1：3：2，造型效果很好，如图4-52所示。

国际饭店。此建筑位于上海南京西路，高24层，总高约86米，建于1934年，是当时亚洲最高的建筑。这座建筑的形式为当时在国际上流行的摩天楼形式，也属装饰主义。14层以上，层层内收，产生优美的轮廓线，如图4-53所示。

图4-51 马勒住宅

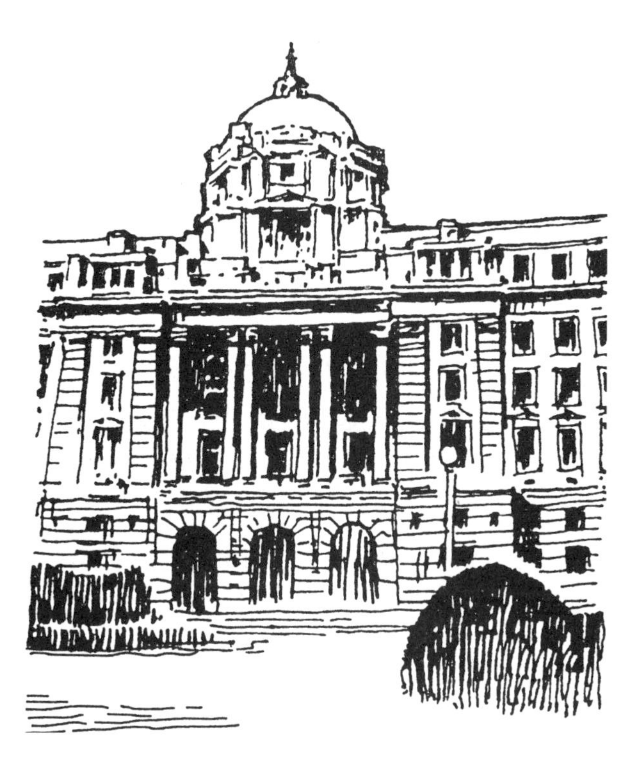

图4-52 上海汇丰银行

图4-54 大光明电影院

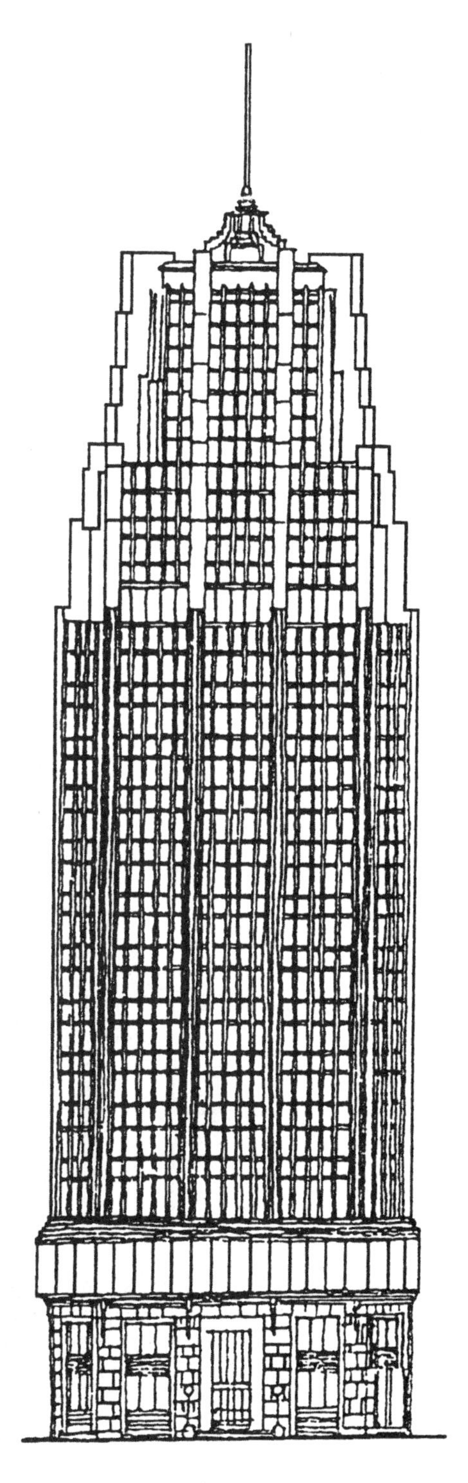

图4-53 国际饭店

大光明电影院。此建筑也在上海南京西路，建于1933年，如图4-54所示。这座电影院的建筑形式为典型的装饰主义，造型颇为奇特。如今内部已改建，但外形仍保持原状。

上海海关大楼。这座建筑于1927年建成。上海最早的海关大楼在今之奉贤，后来在上海县城的东北黄浦江边上建造新海关。1857年，在今址再建海关，称“江海北关”。1893年又拆除重建。如今的建筑则是第三次改建，1925年始建，其风格属折中主义，如图4-55所示。

旧上海的市政府大楼位于江湾，今属上海体育学院。此建筑建成于1933年，其外形下部为现代式，但上部的屋顶是我国的宫殿式，歇山屋顶。这座建筑从美学的角度来说，可谓比例得当，形态均衡。在建筑艺术形式上是较好的；从建筑的思想性上说，则属复古主义。

交通银行。此建筑位于上海外滩海关大楼北侧，今为上海市总工会所在地。这是外滩最后建成的一座建筑，建成于1948年，其形式也属装饰主义。

图4-55 上海海关大楼

（三）

再说我国20世纪50至70年代的建筑。

1959年，为迎接新中国建国十周年，在北京建造了十座重要的建筑，当时称“国庆十大工程”：人民大会堂、中国革命博物馆与历史博物馆、中国人民革命军事博物馆、民族文化宫、民族饭店、北京火车站、北京工人体育场、全国农业展览馆及华侨饭店。人民大会堂坐落在天安门广场西侧，主立面朝东，形态庄重，其手法属新古典主义，如图4-56所示。此建筑建造的速度惊人，仅十个月就建成了。

1975年，在上海建成一座大型体育馆，即上海体育馆。这是一座圆形的建筑，其直径达114米，内可容观众18000人。里面可以进行篮球、排球、乒乓球、羽毛球、体操、技巧等比赛，还可以进行大型歌舞演出。此建筑的屋顶采用当时世界上最新型的结构——空间钢网架结构。

随着“改革开放”，20世纪80年代以来我国的建筑也得到迅速发展。在这里，我们列举几座比较有代表性的建筑。广州的白天鹅宾馆建成于1983年，是一座造得比较成功的建筑。主楼高34层，室内设计很精彩，特别是中庭，结合山石、流泉、林木，自然得体，受到海内外人士一致好评。

图4-56 北京人民大会堂

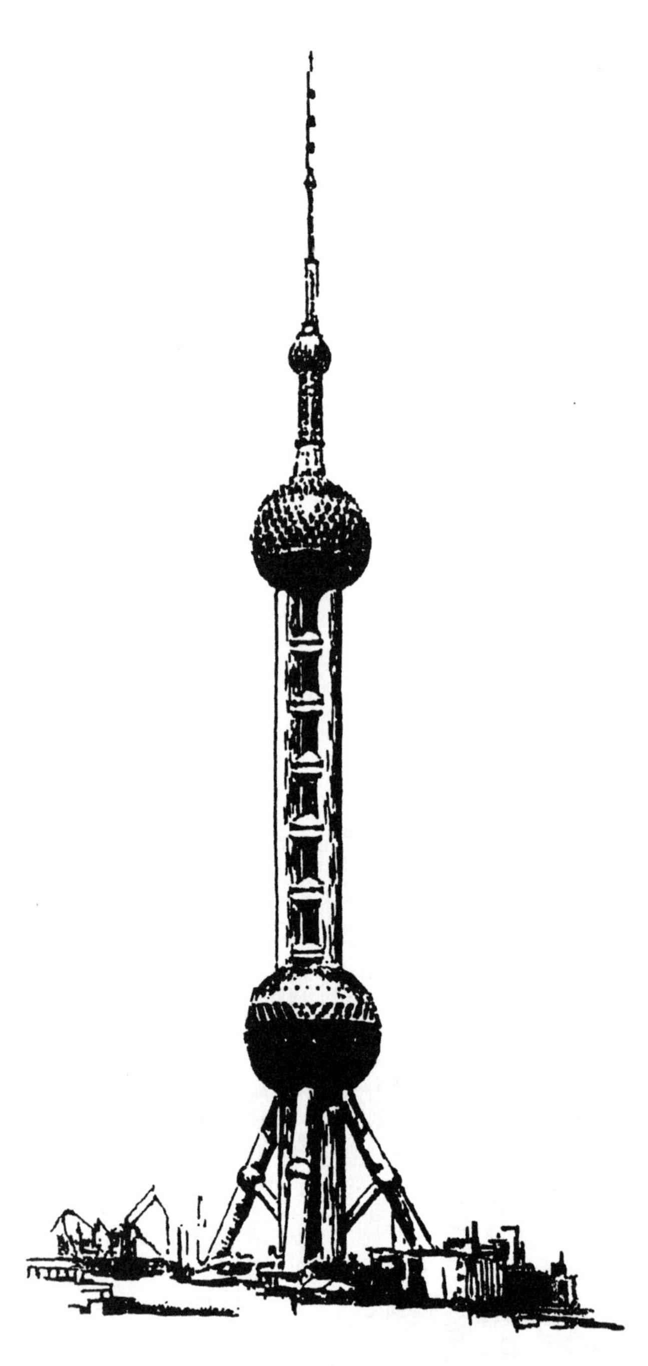

图4-57 东方明珠电视塔

上海浦东金茂大厦，88层，高421米，1996年建成。这座建筑的特点之一是内部有世界最高的中庭，从54层直至顶层，高约154米。此建筑造型独特，好似一座宝塔，挺拔高耸。

上海大剧院，位于上海人民广场西北侧，建成于1997年。此建筑造型更为独特，好似一块精心雕琢的美玉，并富有音乐感。剧院观众厅内共有2000个坐席。其条件完全能满足国际一流的歌剧、芭蕾、交响乐等剧种的演出。建筑的屋顶，利用反凹曲面，形象别致。

上海博物馆，位于上海人民广场南侧，与人民大厦南北相对，为同一条中轴线，从而使广场显得构图完整。此建筑建成于1994年，建筑总面积3.8万平方米。建筑内部主要的陈列品是我国艺术文化史上的瑰宝，包括绘画、雕塑、书法、瓷器、青铜器等等。功能合理，无论组织参观、专业交流，还是内部保存、加工等，都做到高水准。从艺术造型来说，一方面它的形态较为完整，另一方面它以我国传统的“天圆地方”理念进行构想，有独到之处。

东方明珠电视塔建于1994年，位于上海浦东陆家嘴。塔高468米，塔的造型很有个性，用大小12个球体组成塔的主体形象。此塔集电视发射、旅游观光、文化娱乐、购物及空中旅馆等于一体。此塔有三根直径9米的大柱，三个球体（两大一小），球内就是供上述功能所用。此塔形体比例适度，轮廓优美。塔的夜间利用新型的泛光照明，使塔体通明，而且五光十色，显得更为绚丽，如图4-57所示。

21世纪以来，北京也有许多著名的新建筑问世，如国家大剧院、中央电视台彩电中心等。特别是2008年北京奥运会的场馆。被称为“鸟巢”的奥运会主体育场，形式相当独特，深得国内外人士的好评。还有游泳馆，被称为“水立方”，也很受人喜爱。有人说2008年北京奥运会办得很成功，但其场馆也同样建造得很精彩。

2010年上海举办世博会，是年5月1日开幕，有人说世博会从第一届（1851年）至今，要算这一届办得最成功了，那些妙不可言的建筑更令人难忘！

复习思考题

第四章

1.我国秦代有哪些主要建筑成就?

2.简述西汉都城长安的特点。

3.简要分析山西的应县木塔（包括它的木构和造型）。

4.简要分析天津蓟县独乐寺观音阁。

5.山西五台山的佛光寺和南山寺为何时建造?

6.简述西藏拉萨的布达拉宫。

7.简述明清北京城的布局特点。

8.北京天坛有哪三座主要建筑，并对它们作简要分析。

9.我国传统民居有哪些类型?

10.简述并分析北京颐和园。

11.简述并分析苏州拙政园。

12.简述上海外滩汇丰银行建筑。

13.简述近代上海南京路上的“四大公司”。

14.说出20世纪50年代北京“十大建筑”。

15.简要评述上海东方明珠电视塔。

16.简要评述2008年北京奥运会的主体育场。

第五章

外国建筑的沿革

5.1 外国古代建筑（上）

（一）

人类在史前时代，就已经开始建造房子了。

在今苏格兰的刘易斯，考古学家发现了大批新石器时代（始于距今约8000-9000年）的建筑遗址。这些建筑用石块垒成，外形如蜂窝，人们称之为蜂窝形石屋，如图5-1所示。据分析，一座这样的建筑可以住3-5人，即一个氏族社会的家庭。

在今波兰的毕斯库宾湖附近，发掘出一处古村落，其中有宽约3米的道路，路边是长排的房子，其内部分成许多小房间。遗址中尚能辨认出炉灶、门等。

在英国西南部的索尔兹伯里平原上，兀立着一个史前时代的巨石阵，人们又称它为大石栏。这是用巨大的石块围成的一个圆环形。据考古学家研究，这是史前时期人们进行宗教活动的场所，并且也有计时、定季节的功能。但由于那时尚

图5-1 蜂窝形石屋

图5-2 石台

图5-3 古埃及金字塔

无文字（约公元前2700年），所以只是考古学家的分析和臆说。

单石，也是史前时期人们用来进行宗教活动之物，有的达数十米高，还在石上雕刻各种形象图案，据分析是他们的图腾（崇拜物、标志）。有些地方，这种石柱成群排列，相传是一种纪念性之物。

石台，据考证是史前时期的墓。图5-2是法国布列塔尼的一个石台。这种石台除了法国，还在西班牙、英国、丹麦及东欧乃至亚洲都有发现，形式大同小异。石台上进行祭祀活动，石台下埋葬死者的遗体。

古埃及是人类文明发祥地之一。古埃及的著名建筑有两大类：一类是金字塔，另一类是太阳神庙。

金字塔是古埃及法老（国王）的陵墓，最著名的金字塔是开罗附近的吉萨金字塔群，如图5-3。这里共有三座金字塔，其中最大的一座叫齐奥普斯金字塔，平面正方形，底边长230.6米，四棱锥形，塔高146.4米。在这个金字塔群的前面，有一座狮身人面石雕，是法老的象征，据说他有最高的智慧、最强壮的身躯。

图5-4 卡纳克太阳神庙

古埃及最著名的太阳神庙是卡纳克太阳神庙，这个神庙始建于公元前1530年，至公元前323年才建成。其主体建筑是连柱厅，厅内共有134根石柱。中间两列12根柱高21米，其余的高13米，如图5-4所示。

在如今的伊拉克境内有两条古老的河流：幼发拉底河和底格里斯河。在这两条河之间，是一片平原。这里气候湿润温和，土地肥沃，被称为“沙漠绿洲”，名叫美索不达米亚。大约在公元前19世纪，这里为古巴比伦王国；公元前9世纪，这里被亚述帝国所占。亚述帝国萨艮二世王宫很有名，大约建于公元前800年。宫殿分三部分：帝王行政、帝王眷属禁宫和服务性房屋，以及设在宫殿之西的天塔。宫中共有700余间房间（图5-5）。

亚述帝国于公元前612年被新兴的巴比伦打败，巴比伦人重建家园，建立新巴比伦王国。古代世界七大奇迹之一的“空中花园”（其实是建造在高山上的花园）就是这时建造的。

公元前6世纪，新巴比伦被波斯帝国所灭。波斯帝国很强大，新都帕赛玻里斯宫建造得很考究。此宫建于公元前6世纪（图5-6），其中有百柱连柱厅、大流士宫、内宫、禁宫等。公元前330年，波斯帝国被马其顿希腊所灭。

古印度早期的佛教建筑，著名的有窣堵坡、支提等形式。

最著名的窣堵坡（即佛塔，埋藏佛教徒的舍利子的地方）是桑契1号窣堵坡，直径达32米，高12.8米，置于一个高4.3米的鼓形基座上，内为砖砌，外面用石材贴面（图5-7）。窣堵坡外面有一圈石围栏，石围栏的东、西、南、北四面设门楼，门楼上有很丰富的雕刻，如图5-8所示。

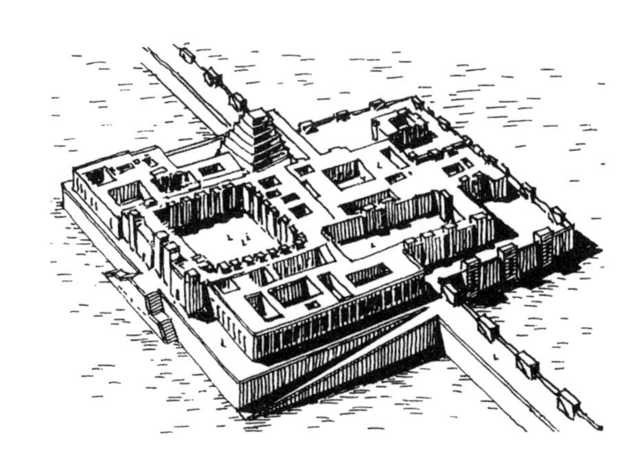

图5-5 萨艮二世王宫

图5-6 帕赛玻里斯宫

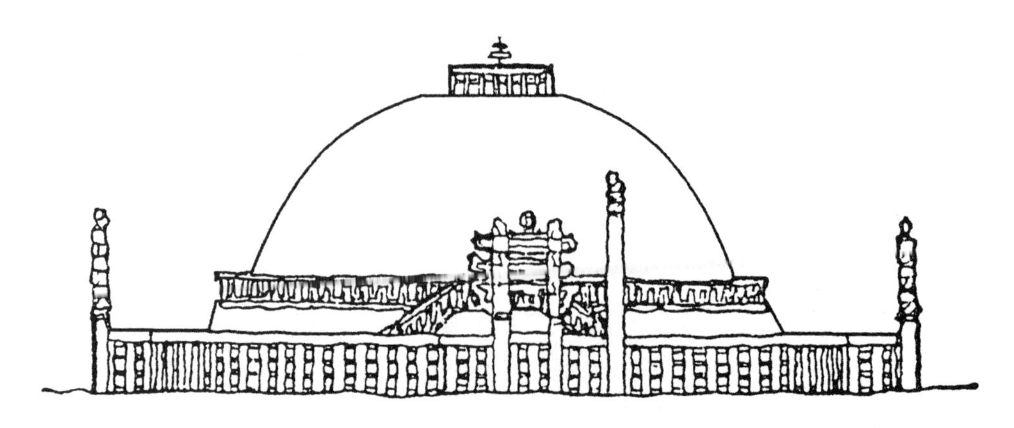

图5-7 桑契1号窣堵坡

图5-8 桑契1号窣堵坡局部

古印度佛教建筑的另一种形式是支提，即石窟，是佛教徒讲经说法和进行其他佛教活动的地方。最著名的是卡尔利支提。此洞窟深38.5米，宽13.7米。外部平面为长方形，最里面平面呈半圆形。其圆心处有一窣堵坡。顶为半圆拱形。

公元8世纪后，佛教被印度教所取代，其建筑有康达立耶—玛哈迪瓦庙、索纳特普尔卡撒瓦大庙及玛哈巴利普兰岩凿寺等。古代印度到了中世纪，受到伊斯兰文化的影响很大。

爱琴海位于地中海的东北，这里有个海岛——克里特岛，大约在公元前20世纪，就已经形成奴隶制国家，即米诺斯王国。米诺斯王宫建造得相当考究，有“迷宫”之称，其中的建筑做得很有特色，柱子用上粗下细的圆柱，称“倒圆柱”（图5-9）。王宫里的装饰也很考究，多用壁画，使空间显得丰富多彩。壁画的内容有向女神献礼、欢庆的舞蹈以及奔牛比赛等。

公元前16世纪，在希腊半岛南端的伯罗奔尼撒半岛的东北，也建立起一个奴隶制国家，迈锡尼王国。它与米诺斯隔海相望。后来麦锡尼征服了米诺斯，这就是古希腊的前身。迈锡尼的建筑也很有特色，其中的宫殿和城堡造得很雄伟。更值得一说的是迈锡尼城门。在这个城门之上，有狮子形象的雕刻，所以称狮子门，如图5-10所示。在门上方的正三角形上，雕刻有两只相对而

图5-9 米诺斯王宫中的倒圆柱

图5-10 迈锡尼狮子门

立的狮子，两狮中间是一根上粗下细的倒圆柱，据考古学家分析，这柱子象征国家。整个雕刻则寓意保卫国家的意思。

（二）

古希腊虽是个奴隶制国家，但它的艺术文化却十分可贵，其中的建筑，被公认是西方古代建筑的典范。在这里说几个重要的古希腊建筑。

帕提农神庙是古希腊雅典卫城（圣地）中的主体建筑（图5-11），此建筑始建于公元前447年，公元前438年建成。庙内供奉雅典娜女神。这座建筑用白色大理石筑成，正面8根高10.4米的多立克柱组成柱廊，上部是山花。

雅典卫城中的另一座著名建筑是伊瑞克先神庙，位于帕提农神庙之北，里面供奉雅典人的祖先。此建筑建于公元前421年至公元前406年。这是一座不对称的建筑，平面呈“品”字形。建筑中主要柱式为爱奥尼式。

古希腊的波赛顿神庙建于公元前460年。这座建筑正面6根多立克柱，显得十分庄重。

图5-11 帕提农神庙

图5-12 波赛顿神庙

图5-13 列雪格拉底音乐纪念亭

立面的整体形象比例得当，庄重稳定，如图5-12所示。

列雪格拉底音乐纪念亭，又名奖杯亭（图5-13）。此亭建于公元前400年。亭高约10米，分上、中、下三部分，中部用6根倚柱。倚柱是装饰性的，其一半嵌入墙内。倚柱的柱头用的是科林斯柱式。

古希腊建筑柱式有三种：多立克、爱奥尼和科林斯，如图5-14所示。其中多立克柱式形象简洁，象征男性美，爱奥尼和科林斯柱式形象丰富，曲折复杂，象征女性美。这些柱式形象，反映出古希腊的艺术文化的发达，建筑讲究美学效果，后来便一直流传下来。

（三）

古罗马位于今意大利，这里的文化发展也很早，建筑也很发达，而且工程技术很有成就，他们还应用天然水泥，做成拱券、穹窿顶形式，所以在建筑造型上也创造了很多美的形态。古罗马建筑类型较多，除了神庙，还有角斗场、浴场、输水道、凯旋门等等。

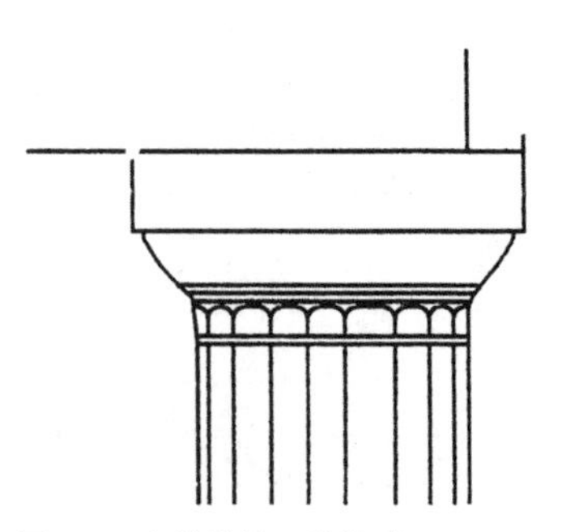

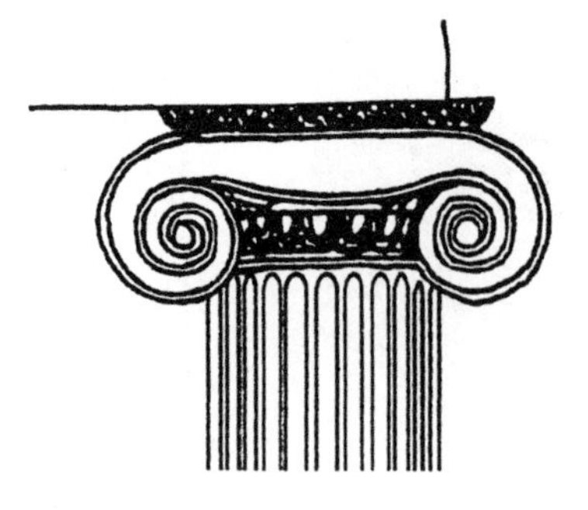

图5-14 古希腊的三种柱式

万神庙又称潘松神庙，建成于公元124年。建筑物下部为圆柱状，上部为半球形穹隆顶，直径43.2米，圆柱形高22米。门前有双排柱廊，每排8根，科林斯柱式。图5-15为万神庙形象。图5-16为万神庙内部形象。

古罗马角斗场，里面进行人与人的角斗，或人与野兽的角斗。这些人都是犯死罪者。最大的角斗场是罗马城中的科洛西姆角斗场，如图5-17所示。场内可容纳观众5万余人。古罗马还建造了许多凯旋门，为皇帝歌功颂德。建于公元前82年的铁达时凯旋门，如图5-18，立面高14.4米，宽13.3米，近乎正方形。门的中间为半圆形拱券，直径约6米。这座凯旋门比例匀称，庄严雄伟。

加特输水道（图5-19），位于今意大利和法国交界处，其主要用途是跨河输水，所以造得很高，桥在输水道的下面。输水道全长275米，从顶到水面高达49米。

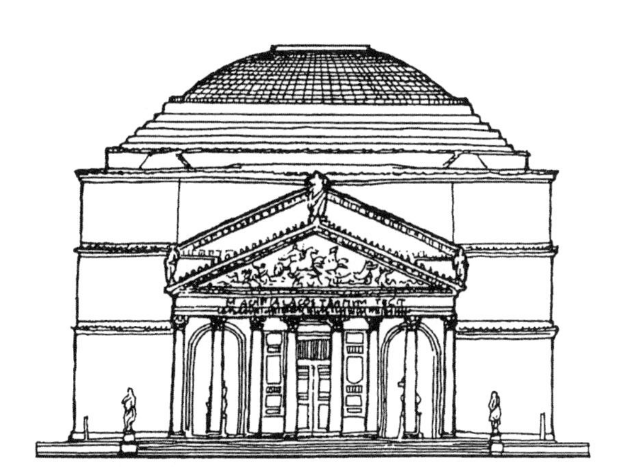

图5-15 万神庙

图5-17 科洛西姆角斗场

图5-16 万神庙内部形象

图5-18 铁达时凯旋门

图5-19 加特输水道

图5-20 罗马柱式

图5-21 圣索菲亚教堂

图5-22 圣索菲亚教堂内部的一角

古罗马有许多浴场，其中皇家的卡拉卡拉浴场规模最大，总面积达20万平方米。浴场内可供1600人同时沐浴。浴场内有冷、热水浴（天然温泉）。里面还设有图书馆、休息室、报告厅等，是罗马贵族们享乐的地方。此建筑建成于公元217年。

罗马柱式与希腊柱式相近，如图5-20所示。

（四）

公元395年，罗马帝国分裂为东西两部分。东部的东罗马帝国位于今土耳其一带。这里在古希腊时是个城邦，叫拜占庭，所以东罗马又叫拜占庭帝国，首都君士坦丁堡，即今之伊斯坦布尔。拜占庭的建筑，在此只说最有代表性的圣索菲亚教堂（图5-21）。

此建筑位于今伊斯坦布尔，建筑长77米，宽72米，中间一个大穹窿顶，建筑总高近60米，穹窿顶直径32米。其边上有两个略低的四分之一球面的穹窿顶。大穹窿顶下部有一圈由40个小窗组成的采光窗，光线从高高的窗洞射入大厅，使穹窿顶显得轻盈飘逸。大厅四周设环廊，使空间既分又合。教堂南北两侧还有楼层，是给女信徒们用的，楼层走廊与大厅空间相连。图5-22为圣索菲亚教堂内部的一角。

拜占庭建筑风格后来影响俄罗斯建筑，如莫斯科的华西里·伯拉仁内大教堂（建于16世纪），如图5-23，还有基辅的圣索菲亚教堂、莫斯科克里姆林宫内的乌斯平斯基教堂等，都属于拜占庭式的建筑。

罗马风格建筑盛行于10至13世纪的西欧。最具代表性的罗马风格建筑是意大利的比萨大教堂（建成于1092年）。教堂平面是拉丁十字式的，“十字”的四个翼中有一个翼特别长，教堂中的大厅就是最长的那一翼。在教堂的正对面有一座圆

图5-23 华西里·伯拉仁内大教堂

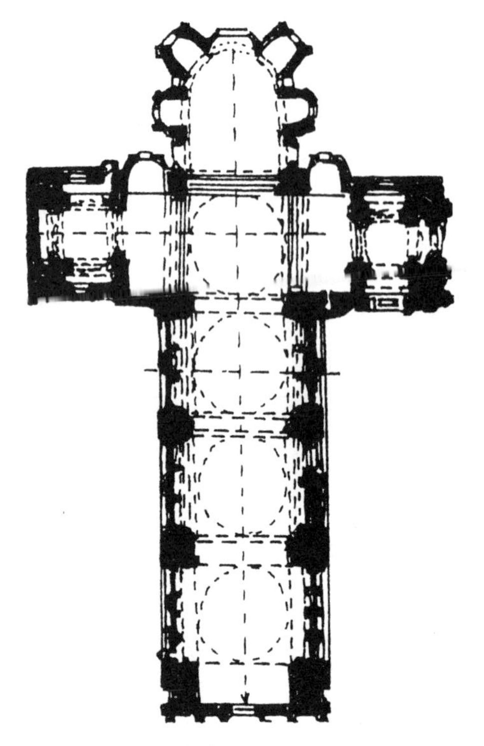
图5-24 昂古莱姆教堂平面

图5-25 巴黎圣母院

图5-26 兰斯大教堂

形的建筑，是洗礼堂。主教堂后面是钟塔。由于塔基的原因，这座塔没造到一半就歪了。后来继续往上造。造好以后就一直歪着，所以就叫它“比萨斜塔”。

英国的杜伦姆教堂，日耳曼的科隆使徒教堂及窝牧斯教堂，法国的昂古莱姆教堂等等，都是罗马风格建筑的典型代表。图5-24是昂古莱姆教堂平面图，此平面的形象就是一个拉丁十字，其中一个翼的长度是其他各翼的三倍。

西欧的建筑风格在13世纪后又变了，建筑造得更高直、空灵，更符合教义。这时的建筑形象称哥特式，又叫高直式，这种建筑强调垂直线。哥特式建筑最有代表性的是巴黎圣母院、兰斯大教堂、亚眠教堂、夏尔特教堂、米兰大教堂、科隆大教堂及乌尔姆教堂等等。

巴黎圣母院建成于1250年，如图5-25所示。此建筑大厅长约130米，宽约47米，尖塔高达90米。巴黎圣母院大厅内可容纳数千人做礼拜。

兰斯大教堂（图5-26）建成于1290年，位于法国马恩省省会兰斯。这座教堂体态匀称，装饰丰富，被称为法国“最高贵的皇家教堂”。这座教堂平面也是拉丁十字式的，大厅高38米，宽14.6米，长138.5米，空间有浓烈的宗教气氛。

（五）

文艺复兴起源于意大利，后来影响到法、德、英等国。文艺复兴提倡人文主义，反对禁欲，主张世俗。这一运动在建筑、雕刻、绘画及文学等领域都有涉及。在绘画上，有著名画家波提切利、达·芬奇、拉斐尔等。达·芬奇的《蒙娜丽莎》、《最后的晚餐》，拉斐尔的《西斯丁圣母》等，都是文艺复兴绘画的杰作。在雕刻上，如米开朗琪罗的《大卫》、《摩西》等，可谓旷世之作。在文学上，有薄伽丘的《十日谈》等名著。在建筑上，著名的作品更多，在此分析几例。

育婴院，位于意大利佛罗伦萨，建成于1445年，由建筑师伯鲁乃列斯基设计。这座建筑采用沿着方形院子周边建造的方式，用轻快的圆拱廊环绕院子，空间处理层次分明，又富有人情味，如图5-27所示。

位于佛罗伦萨的圣玛丽亚主教堂，在文艺复兴初期进行了修建、改建（图5-28）。改建的设计者也是伯鲁乃列斯基。改建的重点是教堂的圆穹顶。圆穹顶内径42米，高30米余。圆穹顶的下面设一个高达12米的八边形鼓座，其目的是要克服圆穹顶的水平方向的推力，并使圆穹顶显得更高耸。这个圆穹顶的建造（公元1420年），标志着文艺复兴运动的正式开端。

图5-27 佛罗伦萨育婴院

图5-28 圣玛丽亚主教堂

图5-29是潘道芬尼府邸，位于佛罗伦萨，1527年建成，设计者是画家兼建筑师拉斐尔。这个建筑形象，显得温馨文秀，表现出文艺复兴的思想真谛。

美第奇府邸，位于佛罗伦萨。此建筑建成于1460年，由米开罗佐设计。此建筑的立面用两条水平带将其上下分成三段，顶部檐口宽大。立面三段处理各不相同，底层用剁斧石，显得粗犷；二层用条石，比较平整；三层用磨光石，细腻光洁。

罗马城内卡比多山上的建筑群是文艺复兴时期的重要建筑之一，如图5-30所示。这些建筑均由米开朗琪罗设计，建于1546年至1644年。此建筑群由三座建筑组成：中间是元老院，南边是档案馆，北边是博物馆。这三座建筑中间就是卡比多广场。广场的西边有大台阶下山坡。

罗马的圣彼得大教堂，始建于公元4世纪，文艺复兴时期进行改建。这座建筑从地面到圆顶的最高处，高达138米。圆穹顶直径42米。在它边上设4个小圆穹顶。圆穹顶下设一圈双柱廊。图5-31就是圣彼得大教堂立面及圆穹顶的形象。

意大利维琴察的圆厅别墅，建于1552年，设计者是文艺复兴时期著名建筑师帕拉第奥。此建筑平面正方形，中间是个圆形大厅，四周为房间。这座建筑前后左右四面形式相同，均用大台阶通向大厅，在门口做门廊，六根爱奥尼柱托着山花。建筑形态简洁大方，比例匀称，如图5-32所示。

威尼斯的圣马可广场也是意大利文艺复兴建筑的代表作品。图5-33是这个广场的形象，图中远处是圣马可教堂，中间是钟塔。钟塔右边远处是威尼斯总督府。广场两边为市政厅及图书馆。

图5-29 潘道芬尼府邸

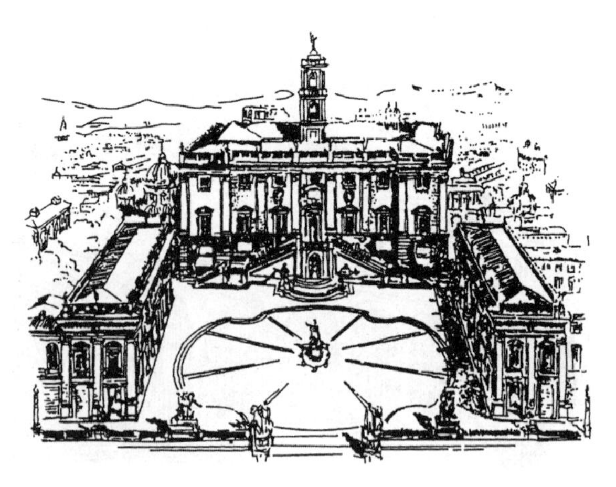

图5-30 卡比多山上的建筑群

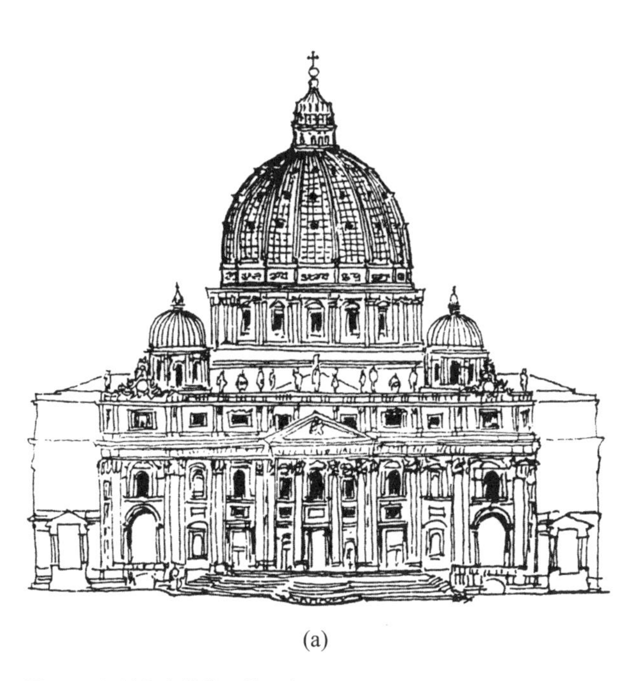

(a)

(b)

图5-31 圣彼得大教堂及其圆穹顶

图5-32 圆厅别墅

图5-33 威尼斯圣马可广场

巴洛克是文艺复兴后期的艺术文化风格，起先流行于意大利，后来影响到整个欧洲甚至世界各地。巴洛克建筑的特点：一是对财富的炫耀，做得高贵富丽，建筑装饰丰富，形象艳丽，往往还配有雕刻。二是标新立异，主张新奇，追求前所未有的形式。如多用曲线、雕刻、线脚等。三是倾向于自然，提倡在郊外建造别墅等。四是表现出欢乐的气氛，追求享乐。罗马的圣卡罗教堂，可以说是巴洛克建筑的典型代表。此教堂建成于1667年，由建筑师波罗米尼设计。教堂大厅平面是变了形的希腊十字形，墙面是弯曲的，空间内给人有迷失方向的感觉。这座教堂的外形也很特别，二层的檐部是弯曲的。在立面正中的上方是一个椭圆形的装饰物，还有许多雕饰，几乎都是曲线、曲面，使人有运动之感，如图5-34所示。

罗马的康帕泰利圣玛利亚教堂也是一座典型的巴洛克建筑，其立面形式强调对称，形象很有力感。立面上的许多凹凸增加了建筑上的阴影，所以形象强烈。

除意大利外，其他欧洲国家也有许多巴洛克建筑，如德累斯顿的尊阁宫。此宫建成于1722年，建筑立面上有许多装饰，造型富丽。入口皇冠门高高耸起，柱头上部做高浮雕，山花和檐部上面堆砌着许多花瓶、十字架等雕饰，也是典型的巴洛克建筑，图5-35是它的一个局部。

图5-34 圣卡罗教堂

图5-35 尊阁宫（局部）

巴洛克风格以后，西方古代建筑便进入晚期。但晚期的作品也很精彩，在此分析几个重要的作品。

英国伦敦的圣保罗大教堂，称得上是英国的文艺复兴建筑的代表作。此建筑由著名建筑师雷恩设计。圣保罗大教堂建成于1710年。教堂的正立面采用古典主义柱式构图，正门为双层双柱廊。顶上是用两层圆形柱廊构成的高鼓座，上面是直径达34米的圆穹顶，十分雄伟，如图5-36所示。

图5-36 圣保罗大教堂

克里姆林宫是古代俄国的皇宫，建于15世纪，位于莫斯科市中心，四周有围墙，皇宫平面形状不规则。宫的外周是围墙，共有19个塔楼，其中斯巴斯基塔的造型最完美，如图5-37所示。克里姆林宫内有三座东正教堂，教堂中的伊凡钟塔造型完美。此钟塔平面八角，顶部为金色穹窿顶。俄罗斯还有两座著名的古建筑，一是建于圣彼得堡的冬宫，建于18世纪，其形式为古典主义兼巴洛克。另一座是海军部大厦，建于19世纪，也在圣彼得堡，属新古典主义。此建筑长达407米，宽163米（建筑沿周边布置，里面是内院）。中轴线正中建有中央塔楼，尖塔高达72米，下部有大圆拱门，上有方形平面柱廊，再上面是方形的尖塔基座，如图5-38所示。

图5-37 斯巴斯基塔

西方古代晚期著名的建筑要数法国最多。巴黎的卢浮宫最早建于16世纪，后来历代多次加建。其中最著名的是它的东立面，如图5-39所示。这个立面建于17世纪路易十四时期。东立面长172米，高28米。立面采用柱式构图，横分三段，纵分五段，中间及两端略突出，强调中轴线对称。下面一层做基座形式，上面是12.2米高的柱廊，柱子成双排列，通贯第二、三层，中间用

图5-38 海军部大厦

八根柱托起上面的山花，两边均为水平檐部。上下分三段，自上至下是檐部、柱廊、基座，其高度比例为1：3：2，这是古典主义建筑所追求的形式标准。

凡尔赛宫位于巴黎西南，原来这里是一座皇家猎庄，路易十四时进行大规模建设，建成“大理石院”等，并以这座建筑为中心向四周扩展。建筑形式属古典主义。

巴黎歌剧院建成于1874年，其形式属折中主义。此建筑造得非常华丽。正面一排宏伟的柱廊，观众可以从这里（或也可从两侧）进入剧院。图5-40为巴黎歌剧院形象。歌剧院观众厅平面呈马蹄形。观众厅池座宽20米，长28.5米。楼座三面包厢，共有四层。剧院共有观众席2150座。舞台也很宽大，宽32米，深27米。

巴黎明星广场（今已改为戴高乐广场）上的雄师凯旋门，属新古典主义风格。这个凯旋门建成于1836年，其形式是仿照古罗马的提图斯凯旋门。巴黎雄师凯旋门宽44.8米，高49.4米，近似正方形。这座建筑采用新古典主义手法，讲究比例关系，中间的圆拱门高度等于两个拱圆，上部（拱）高半个圆，下部（柱）高1.5个圆。拱的圆心正好位于整座凯旋门对角线的交点，如图5-41所示。

英国伦敦的国会大厦，建于1836年至1868年，位于伦敦泰晤士河边上。此建筑包括上、下议院，又称威斯敏斯特宫。其中的议会大厅相当豪华，是个圆形建筑，在中间分开。南半边是上议院，北半边是下议院，又称众议院。这座建筑属哥特复兴式，这种建筑风格在19世纪是比较流行的。

最后说美国的早期建筑。1776年美国独立，独立后早期有几座著名的建筑：一是华盛顿的国会大厦，这座建筑始建于1793年，后来毁于战火。1819年至1850年重建。重建后的国会大厦形式是两边两翼，中间有高高的穹窿顶，作为主体。这个穹窿顶很高大，下面是圆环形的柱廊，上面一层设有倚柱和窗。在这之上就是大圆穹顶。最高处是一座高达6米的自由女神像，从地面到顶端高87米。这座建筑形式属罗马复兴式（图5-42）。二是纽约的海关大厦。这座建筑建于19世纪中叶，其形式为希腊复兴式，如图5-43所示。从其正立面来看，与古希腊的神庙十分相似。

图5-39 卢浮宫东立面

图5-40 巴黎歌剧院

图5-41 雄师凯旋门分析

图5-42 华盛顿国会大厦

图5-43 纽约海关大厦

图5-44 唐招提寺金堂

5.2 外国古代建筑（下）

（一）

外国古代建筑，还要说亚洲和美洲的建筑。

先说日本的古代建筑。日本的古代文化多仿中国的，无论是服饰、家具、文字等，都有中国的“元素”在其中。日本的古代建筑也多仿中国，最典型的是奈良法隆寺内的五重塔，与我国的古塔很相似。另一座古建筑，奈良的唐招提寺金堂，与我国山西五台山佛光寺大殿很相似（图5-44）。

中南半岛的建筑，先说缅甸的仰光大金塔。此塔建成于1773年，高99米，塔顶安装金伞，塔基周长达433米。塔下有四门。大塔周围环绕着64座小塔。图5-45为大金塔外形。

图5-46为泰国大王宫。此建筑群始建于1782年。大王宫主要由三座宫殿和一座寺院组成，其四周有白色宫墙。宫内绿化甚丰。屋顶为尖坡顶，而且层层相叠，很有特色。

朝鲜半岛上的古建筑也近似中国古建筑，最有代表性的是庆州的佛国寺和平壤的普通门（图5-47）。普通门建于1473年，从图中可以看出，它与我国古代的城楼非常相似。

位于今韩国首都首尔的昌德宫是李朝王宫中保存完好的一座宫殿。1405年建，后毁于兵火，1611年重建。宫内建筑为仿中国式的，入正门后为仁政殿，殿内设有帝

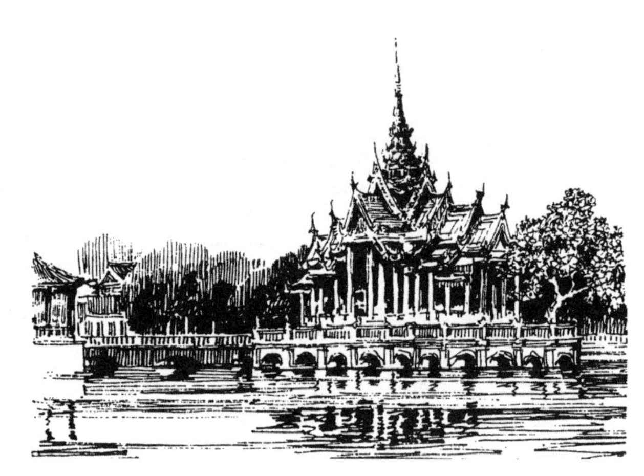

图5-46 泰国大王宫

图5-45 仰光大金塔

图5-47 平壤普通门

王御座。另外，还有大造殿、宣政殿、乐善斋等。乐善斋是典型的朝鲜式木构造建筑。院内陈列着王室用过的轿子、马车及老式轿车等。仁政殿后是秘苑，即御花园。

图5-48 泰姬·玛哈尔陵

（二）

古代印度原为婆罗门教文化，后来转变为佛教文化。公元7世纪后，印度教盛行。到了13世纪，伊斯兰教势力渐强，到16世纪莫卧儿帝国时期为全盛期。印度的伊斯兰教建筑，在此说泰姬·玛哈尔陵，如图5-48所示。这座建筑于1653年建成，是莫卧儿王朝的第五代皇帝沙杰罕为其爱妻泰姬·玛哈尔所建的。此建筑比例适当，形体和谐，造型文静秀美，被誉为“印度的珍珠”。

今伊朗境内的伊斯法罕清真寺，建于1612年至1646年，位于皇家广场南侧，正中为方形礼拜殿，其上是两层连续尖拱鼓座，托起一个巨大的穹窿顶。朝向内院的礼拜殿立面，是一片竖直的高墙，在正中开了一个只有半边的穹窿顶，深深凹入门廊（图5-49）。高墙的两侧，各立一个尖塔，塔顶上有小穹窿顶。

图5-49 伊斯法罕清真寺

（三）

美洲古代也有金字塔，但其功能与古埃及金字塔不同，它是太阳神庙和月亮神庙，不是法老墓。这些金字塔由古代印第安人所建，位于今墨西哥境内。公元1世纪，当地的特奥蒂瓦坎人在这里建有城市，这些金字塔就是当时所建。图5-50是太阳神金字塔。平面正方，棱台形。塔正面坐东朝西，有数

图5-50 太阳神金字塔

图5-51 羽蛇庙

图5-52“水晶宫”内景

百级台阶直通顶部。此塔底边长225米、宽222米，高66米。塔顶原有一座太阳神庙，后被毁。

月亮神金字塔比太阳神金字塔小，建于公元7世纪。塔位于城的北端，坐北朝南，塔长、宽均为150米，高46米。

在特奥蒂瓦坎的城堡中，还有羽蛇庙，如今只有庙基及部分残迹了。庙基斜坡上遗留下来的羽蛇神形象及其他雕刻形象生动非凡，图5-51就是羽蛇庙的一个局部。

5.3 外国近现代建筑

（一）

1851年伦敦“水晶宫”的建成，标志着近代建筑的开端。当时在英国伦敦，就在这座建筑中举办首届世界工业博览会。这是一座特大型的建筑，用铸铁和玻璃做成，夜间室内灯火通明，形象十分动人，所以被说成是“水晶宫”。此建筑高124米，长564米，图5-52是“水晶宫”的内景。

19世纪末叶，另一座著名的新建筑——巴黎的埃菲尔铁塔建成(1889年)，这是巴黎世界博览会的标志性建筑，高320米，是当时世界上最高的建筑。

另一座巴黎世界博览会建筑是机械展览馆，也建成于1889年。这座建筑的特点是体量巨大，建筑长420米，宽115米，用三铰拱铁架结构，中间不设柱子。但后来由于城市规划的原因，博览会结束后不久就被拆除了。

19世纪末，美国迅速崛起。在建筑上，以建筑师沙利文为首的芝加哥学派，提出“形式追随功能”的口号，认为功能变，形式也要变。在建筑形式上，他提倡造高层建筑。芝加哥蒙纳克大厦，建于1891年，高16层，外形几乎没有装饰；芝加哥保证大厦，建成于1895年，高13层，如图5-53。另一座建筑是芝加哥的瑞莱斯大厦，此建筑建成于1894年，高16层，如图5-54，这座建筑用框架结构，所以窗做得很大。

图5-55是芝加哥的卡宋百货大楼，建成于1904年，高12层，由沙利文设计。这座建筑最能代表芝加哥学派，所以被誉为“芝加哥之窗”。

芝加哥学派的观点立即得到当时建筑界的重视。到了20世纪20年代前后，新的建筑及其思潮相继出现，如风格派、表现主义、构成派、未来派以及“包豪斯”等等。下面说一些具体的实例。

荷兰乌德勒支的施老德住宅，建成于1924年。这座建筑用简洁的几何块体组成，属风格派。设计者试图用简单的单元体（如门、窗、墙、阳台

图5-53 保证大厦

图5-54 瑞莱斯大厦

图5-55 卡宋百货大楼

图5-56 爱因斯坦天文台

图5-57 包豪斯校舍

图5-58 萨伏伊别墅

图5-59 约翰逊制蜡公司总部

等）创造出一个室内外空间相互延伸的、时间与空间相结合的建筑，以表现其艺术观。

波茨坦的爱因斯坦天文台（建于1920年）是表现主义建筑的典型代表，它是为爱因斯坦的广义相对论的建立而建造的。此建筑造型奇特，其门、窗、墙等都与一般的不一样，如图5-56所示。

包豪斯（Bauhaus）是德国的一所专门培养造型艺术人才的高等学校。这个学校主张创新，反对守旧。强调构成物质本身的美，例如金属的、木的、砖石的、油漆的等等，应当在加工工艺上力求发挥其质地的美和加工工艺的美，反对附加上去的装饰。1926年在德国的德绍，由校长格罗皮乌斯设计的包豪斯校舍建成，如图5-57，这座建筑贯彻了包豪斯的基本精神。这是一座不对称的建筑，它出于功能的需要，各部分的布局都首先满足使用功能。在此基础上也注意造型，如比例、均衡等等。

现代派建筑提出“国际化”的口号，以法国建筑师勒·柯布西耶为首，于1928年建立“现代建筑国际协会”，1933年在雅典集会，通过了一个有关建筑和城市的《雅典宪章》，其基本精神就是“国际化”，强调时代性。

勒·柯布西耶的作品萨伏伊别墅，位于巴黎附近。这座建筑全面地表现了他的现代主义建筑观。此建筑建于1931年，共三层，底层只设楼梯和车库等，二层有宽大的起居室、卧室等。三层除了少量的房间外，大多是开敞的屋顶花园。图5-58是它的外形。

著名的现代派建筑大师密斯·凡·德·罗的作品很多。建成于1929年的巴塞罗那的德国展览馆，是一个很精彩的作品。这座建筑规模不大，但对现代派建筑影响却不小。此建筑长50米、宽25米，建筑用料很讲究，施工也相当精细。这一建筑最精彩之处是它的空间。空间的大小，隔挡与通透，空间的流通性等等，均妙不可言。

美国著名建筑师赖特在这段时间里优秀作品也很多，其中流水别墅也许最有名了。这座建筑位于宾夕法尼亚州匹兹堡市郊，建成于1936年，建筑横跨在瀑布之上，与山石、流泉及林木有机地结合在一起。此别墅共三层：第一层直接临水，包括起居室、厨房等，起居室的阳台有梯子下达水面。第二层和第三层为卧室，每间卧室都有阳台。室内有些墙面用粗毛石片，具有自然感，体现出人与自然的有机结合。

赖特的另一个优秀作品是位于威斯康星州的约翰逊制蜡公司总部。此建筑建成于1939年。建筑形态高低错落，很讲究造型美，如图5-59所示。他强调“有机建筑”，强调自然性，所以他在这座建筑中的一个大型办公室内使用玻璃屋顶，屋顶用柱网支撑，这些柱为蘑菇形圆柱，令人有置身于丛林之中的感觉，如图5-60所示。

莫斯科大学主楼。此建筑建于20世纪50年代，中轴线对称布局，高达32层，很有气势，显示出高等学府的精神（其前身是著名的俄罗斯罗蒙诺索夫大学），其形式是传统的俄罗斯建筑形式，特别表现在顶部的尖塔上。

这一时期在亚洲也出现了许多优秀的建筑，如泰国的曼谷大旅馆，日本的新大谷饭店和草月会馆，缅甸的佛教图书馆，菲律宾的国际旅馆及斯里兰卡的纪念班达拉奈克国际会议大厦。图5-61是菲律宾的国际旅馆，这座建筑在造型上典型地体现出现代派风格：高层建筑，水平线条，由于强烈的明暗对比，线条显得挺直有力。

图5-60 约翰逊制蜡公司总部大办公室内景

图5-61 菲律宾国际旅馆

美国纽约的西格拉姆大厦，建于1958年，共38层，高158米，是一座高级办公楼，由密斯·凡·德·罗设计。这座建筑充分贯彻了他的建筑思想，高高的玻璃摩天大楼，垂直线条，底部透空，方盒子形式，体现出高层建筑的美学原则，如图5-62所示。

1959年，著名美国建筑师赖特完成了他一生最后一个作品——纽约古根海姆美术馆。这座建筑（图5-63）的陈列厅是个上大下小的倒圆台形。这个形象的作用是出于为参观者着想。参观者先乘电梯到顶层，然后一面参观一面顺着斜坡一圈圈地下楼，坡度是很平缓的，能减少参观者的疲劳。这座建筑在造型上的特点是简洁，富有表现力，也很有个性。

环球航空公司候机楼，位于纽约，1962年建成。有人说现代建筑都像火柴盒，千篇一律，但也有些现代建筑在造型上做得很别致，这座建筑就是一例。设计者沙里宁是一位强调作品个性的建筑师。这个建筑形象好似一只展翅欲飞的大鸟。有人说所有的飞机场，只有这一个能让人记住。

图5-62 西格拉姆大厦

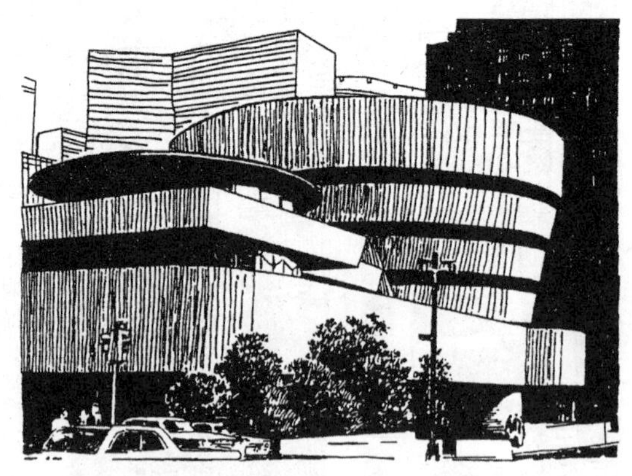

图5-63 古根海姆美术馆

二战后出现了许多新的建筑流派，其中“高技派”是20世纪60年代兴起的一个流派。美国科罗拉多空军学校教堂就是其中的一个代表作，建成于1962年，如图5-64所示。新材料和新技术在这座建筑中得到了最充分的运用，而且它用尖三角造型，既有宗教性，又象征航空。

图5-64 科罗拉多空军学校教堂

巴黎的蓬皮杜国家艺术文化中心建成于1976年。这座建筑造型更奇特，它将结构、设备等本该藏起来不让人们看见的东西显露出来让人们欣赏，外面还做了自动扶梯，形式很怪。此建筑建成后轰动一时，褒贬不一。这座建筑也属高技派，如图5-65所示。

图5-65 蓬皮杜国家艺术文化中心

代代木体育馆位于日本东京，是第18届奥运会的主要建筑物，1964年建成，可容观众16000人，里面可以进行球类、游泳、柔道、滑冰等比赛。此建筑用悬索结构，形式新颖，又富有日本传统风格，如图5-66所示。

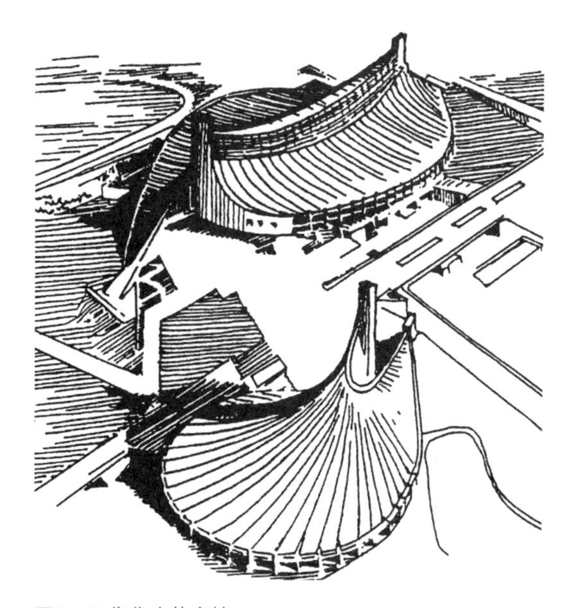

图5-66 代代木体育馆

美国华盛顿的国家美术馆东馆是一座杰出的现代艺术博物馆，这座建筑的特点是与地形结合得相当完美，也与老的美术馆关系十分融洽。此建筑由美国著名华裔建筑师贝聿铭设计，于1978年建成。

澳大利亚的悉尼歌剧院建成于1973年，由歌剧院、音乐厅和餐厅三部分组成。歌剧院和音乐厅形式基本相同，都用三前一后四个贝壳似的顶盖。也有人形容这些顶盖像一艘扬帆起航的巨轮上的白帆，十分动人。可惜的是它的施工很困难，所以工期拖得很长，达17年。

（三）

再说高层建筑和大跨度建筑。自从芝加哥学派提出建造高层建筑之后，建筑便越造越高。1913年，美国纽约的沃尔华斯大厦建成，52层，241米。1931年，纽约的帝国大厦建成，102层，381米，称“摩天大楼”。1973年，纽约建成世界贸易中心，110层，411米，由形式相同的两座建筑组成，2001年9月11日被毁。1974年，又一座摩天大楼建成，芝加哥的西尔斯大厦（图5-67）。此建筑也是110层，但高度达443米。这座建筑平面呈正方形，由9个相同的小正方形平面组成。每个小正方形边长23米。其中两个小正方形筒高50层，两个筒高66层，三个筒高90层，最后两个筒高110层。建筑造型很美，并且也符合结构要求。

1974年加拿大多伦多电视塔建成，高达548米；1995年，马来西亚吉隆坡建成双塔大楼，88层，高452米；2003年，台北的101大楼建成，高达508米；2010年年初，阿联酋的迪拜，建成一座200层的哈利法塔，高达828米，为如今建筑的最高者。

建筑一方面向高度方向发展，另一方面也建造越来越大的空间。美国华盛顿的杜勒斯机场候机楼，建于1962年，建筑宽45.6米，长182.5米，用的是悬索结构。美国得克萨斯州的休斯敦体育馆（图5-68），建于1966年，圆形，用钢网架结构，直径193米，棒球比赛时可容观众4.5万人。1976年，美国路易斯安那州的新奥尔良体育馆是迄今世界上最大的体育馆，直径207.8米，篮球比赛时可容观众9万余人。

从20世纪60年代起，出现了一股“后现代主义建筑”思潮，有好多新奇的建筑问世。美国宾夕法尼亚州的栗子山住宅，建成于20世纪60年代（图5-69）。这个建筑形象，“暗示”着许多建筑历史符号。这个作品堪称后现代主义建筑的代表作之一。

美国新奥尔良的意大利广场，建于20世纪70年代末，其形象表现出许多古罗马和意大利文艺复兴建筑特征。据说这里的许多意大利移民很喜欢这个广场（图5-70）。

美国俄勒冈州的波特兰公共服务大楼，1982年建成，高15层，其外形用比较复杂多变的手法，按照后现代主义建筑理论的说法，就是要有历史，要有“文脉”，要有可识别性。

美国纽约的电话电报公司总部大楼，1984年建成，共36层，高197米（图5-71）。此建筑的外形可分为三部分：顶部用的是欧洲巴洛克时代常用的断山花形象；底部用的是意大利文艺复兴早期佛罗伦萨的伯齐小教堂的立面；中间部分是美国现代派建筑惯用的竖线条形式。三种建筑文化合在一起，可谓语汇丰富，也是典型的后现代主义建筑。

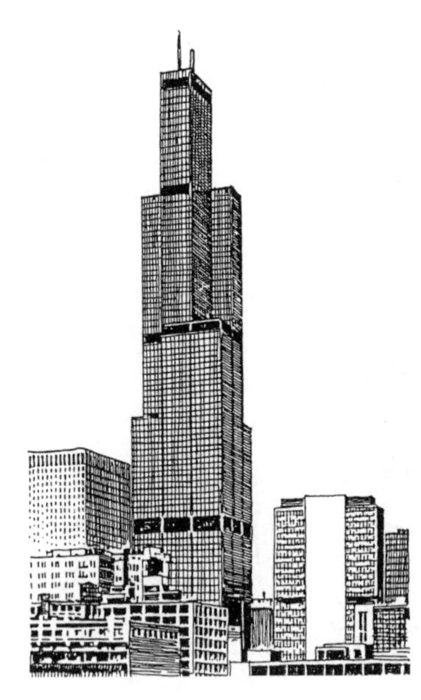

图5-67 西尔斯大厦

上世纪末，又出现了一个新的建筑流派——解构主义。这

图5-68 休斯敦体育馆

图5-69 栗子山住宅

个流派的哲学观点是针对结构主义（哲学）的。结构主义试图把一切客观事物和思想都纳入一个既定的框架中。解构主义则认为，世界并非如此，在哲学认识上，应当把这个框架解开来，所以称解构主义。一些建筑理论家认为，建筑也正是如此。不是什么派有什么形式，什么风格一定是什么特征，而应当把建筑（形式）松开来，自然而然地去对待。解构主义建筑的具体实例就是巴黎的拉·维莱特公园。这个公园与传统的公园不同，它不追求悠闲、静谧，不以绿化、山水为主，而是充满科技、文化和娱乐活动。设计者屈米在设计竞赛中获胜。此公园于1988年建成。在公园的总体上，是由三个互不相关的系统组成，是“点”、“线”、“面”。“点”是指在一个120米见方的网格交点，共有30余个，在这些“点”上建造颜色鲜红的小房子，其内容是茶室、儿童室和电子游戏室。“线”是两条互相垂直的长廊及一条曲径。前者连接公园的几处主要入口和地铁车站。后者供游人散步，与“点”相连。“面”是其余的几块空间，作为休息、野餐等活动场所。设计者认为，这就是“21世纪的公园”。

图5-70 意大利广场

如今已是21世纪，确实也出现了许多新事物。在建筑领域，其变化也较大，如环境、建筑功能及节能等等，都是未来的建筑师须考虑的。作为一名未来的建筑师，我们需加倍努力，时不我待。

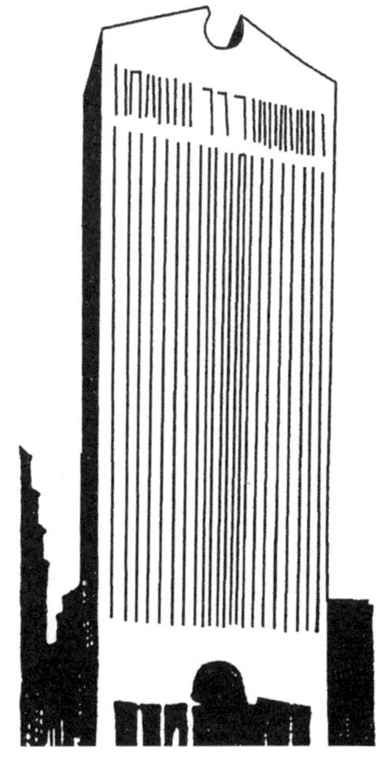
图5-71 纽约电话电报公司总部大楼

复习思考题

第五章

1.简要分析古埃及金字塔。
2.简要分析欧洲古代迈锡尼的狮子门。
3.简要分析古希腊的帕提农神庙建筑。
4.说出并绘出古希腊的三种主要柱式。
5.说出并绘出古罗马的三种主要柱式。
6.简述古罗马的万神庙。
7.试分析东罗马的圣索菲亚教堂建筑。
8.简要分析巴黎圣母院的主立面。
9.举例分析（自选一个）意大利文艺复兴建筑。
10.什么叫巴洛克？请分析罗马的圣卡罗教堂。
11.简要分析巴黎卢浮宫东立面的造型。
12.简要分析印度泰姬・玛哈尔陵的造型。
13.简要分析日本古建筑唐招提寺的木构及造型。
14.古代墨西哥的金字塔与古埃及的金字塔有什么不同?
15.简要分析芝加哥的瑞莱斯大楼（建于1894年）。
16.简要分析法国的朗香教堂。
17.试述勒・柯布西耶提出的“新建筑五点”。
18.简要分析美国匹茨堡市郊流水别墅的造型。
19.简要分析芝加哥的西尔斯大厦。
20.巴黎的蓬皮杜国家艺术文化中心属什么流派？请简述之。
21.简要分析纽约的电报电话公司总部大楼。
22.美国新奥尔良的意大利广场属什么流派？并作简要分析。
23.什么叫解构主义建筑？请用实例说明。

附录：课程教学大纲及课时安排

中文名称：建筑学概论

英文名称：Introduction to Architecture

授课专业：建筑学、环境艺术设计、城市规划设计、风景园林设计及相关专业

学时：本课程教学时间为两学期（一年级），每周两学时，共32周（每学期16周）

课程内容：中外建筑概论及其相关理论

课程教学目标：

第一学期

第一章　第一周至第四周

第二章　第五周至第十周

第三章　第十一周至第十六周

第二学期

第四章　第一周至第八周

第五章　第九周至第十六周

每学期最后一周（2节课）为考查时间。

课程教学形式和作业要求：

讲课为主，大量幻灯片、多媒体图像与参考文献配合，可适当安排主题性讲座和课堂讨论；课外作业除本教材上的习题外，可根据具体教学要求和目标布置学生进行历史建筑抄绘、文献阅读以及论文写作。

图书在版编目(CIP)数据

建筑学概论：增补版／沈福煦编著. --上海：上海人民美术出版社，2021.6

ISBN 978-7-5586-2048-5

Ⅰ. ①建… Ⅱ. ①沈… Ⅲ. ①建筑学-高等学校-教材
Ⅳ. ①TU-0

中国版本图书馆CIP数据核字（2021）第078043号

建筑学概论（增补版）

编　　著：沈福煦
统　　筹：姚宏翔
责任编辑：丁　雯
流程编辑：孙　铭
技术编辑：史　湧
出版发行：上海人民美術出版社
(上海长乐路672弄33号　邮编：200040)
印　　刷：上海天地海设计印刷有限公司
开　　本：787×1092　1/16　10印张
版　　次：2021年6月第1版
印　　次：2021年6月第1次
书　　号：ISBN 978-7-5586-2048-5
定　　价：68.00元

环境艺术设计专业系列

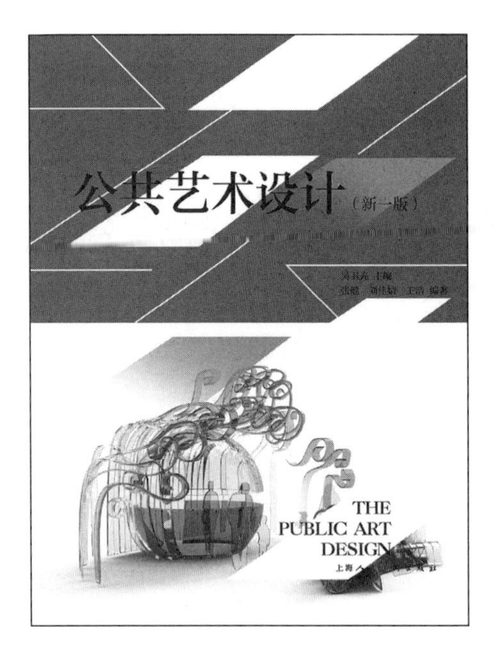

《公共艺术设计》（新一版）
作者：张健、刘佳婧、王浩
页数：144　　开本：16
书号：ISBN 978-7-5586-1509-0
定价：65.00元

作为一个全新的学科和专业，以及环艺、雕塑等专业中新的教学内容，公共艺术设计的理论、观念、流程与方法无疑是专业教学和设计实践中的重要环节。本书系统地梳理了公共艺术设计与创作的理论与观念，强调建立公共艺术概念和相关理论的整体认知逻辑与框架，并详细阐述了公共艺术设计与创作的程序与路径，初步建立了公共艺术设计与创作的方法论基础。该书通过广州美术学院雕塑系公共艺术专业部分课程的教学实践，反思与探讨公共艺术设计专业的教学内容、方法与模式，为公共艺术设计教学体系的建立与优化提供参考与借鉴，同时也为学生的专业学习与设计实践提供可能的帮助与启发。

《室内软装设计》（新一版）
作者：乔国玲
页数：160　　开本：16
书号：ISBN 978-7-5586-1670-9
定价：68.00元

建筑的室内空间已经从一开始人们最基本的遮风避雨、御寒防暑的简单居所，发展成为能够满足人的物质及精神需求的综合空间形态。室内软装设计作为室内设计的一个重要环节，也是我们室内设计师需要深入了解与研究的一门课程。本书针对当今消费者随着生活品质的提高对居住环境有了更高要求这个特点，从室内软装设计的基本理念和基本方法入手，结合工程实例和极新案例，着重对室内软装艺术的基本概念、软装设计的方法、设计的美学原则、软装设计的策略和设计思维方面等方面进行论述。作者具备丰富的室内软装设计及当代艺术设计的相关经验，本书既适用于各艺术院校环境艺术设计专业的在校学生，同时对于有兴趣从事住宅室内设计行业的设计师也具有一定的参考价值。

《环境设计手绘表现技法》（新一版）

作者：张心、陈瀚

页数：160　　开本：16

书号：ISBN 978-7-5586-1568-9

定价：68.00元

本书为环境艺术设计专业的限定选修课程之一。该课程作为一门技能课，它连接着设计构思和设计最终方案的实现，意义重大。在本书中通过老师的指导学习，能使学生掌握各种空间的材料、技法、比例、色彩等的设计效果表现，培养学生对空间关系的认知和理解，并提升学生的设计思维和设计能力，为后续的设计专题课程的学习打下良好的基础。本书注重理论与实践相结合，鼓励学生进行多种绘图风格的尝试并积极创新技法，不仅适合全国环境设计专业院校的师生使用，也可供设计从业人员参考与学习。

《环境人体工程学》（新一版）

作者：刘秉琨

页数：120　　开本：16

书号：ISBN 978-7-5586-1671-6

定价：68.00元

人体工程学是建筑学、环境设计、产品设计等专业的基础学科，是设计初步的重要内容之一。本书的内容既有理论介绍，也有实践环节，讲解通俗易懂，条理清晰。内容涵盖学科简史、人体作业效率、人体尺寸、数据处理、环境因素以及由家具而建筑、由建筑而城市的尺度问题。全书整合了当前国内外环境行为学与人体工程学的理论及科研成果，注重环境行为理论与工程设计实践相结合。书中生动形象的设计实例增添了本书的可读性和应用性。本书是为建筑学和环境设计专业人士编写的，也适用于景观、工业等各相近专业设计师进行工程设计的参考资料。

《商业会展设计》

作者：傅昕

页数：128　　开本：16

书号：ISBN 978-7-5586-0607-6

定价：58.00元

本书作者结合自己多年的从业和教学经验，用图文并茂的方式阐述商业会展设计中所涉及到的主题定位、功能形式、色彩照明、材料工艺等要素，并紧密结合商业会展的发展现状进行案例教学，在本书中设置了前期的理论学习、中期的案例分析、后期的项目设计实操训练三大教学单元。第一单元通过对商业会展设计的理论建构学习商业会展设计的学科内涵、发展历史和所涉及的领域及知识结构，使学生了解商业会展设计的基本概念；第二单元着重从商业会展设计的五大要素全面分析商业会展设计的设计语言构成；第三单元则侧重从商业会展设计的创作实践角度让学生对所学知识进行理论联系实际的设计创造探索，以培养学生从评价体系到设计表达全方位的综合创造能力。因此，本书既可作为高等院校环境艺术设计专业的教材，也可作为会展设计从业人员的参考用书。

《室内设计简史》

作者：杜肇铭

页数：160　　开本：16

书号：ISBN 978-7-5586-0609-0

定价：75.00元

本书作者通过阅读大量相关书籍，了解了古今中外建筑和室内设计发展历史，并通过实地拍摄、查询专业书籍、查询网络等各种途径，收集了数量众多的设计案例，精选出不同时期、不同地域的具有代表性的设计案例进行编排，尽量呈现出室内设计的发展过程以及设计案例的特征，让学生能够自我思考辨析。本书以世界建筑历史演变时间为纵轴，以各国家、各地区同时代室内设计发展状况为横轴，强调理论知识的跨学科、跨专业交叉特点；贯通横轴时间段，打通地域界限，将事件、案例横向比较，增加内容的广度和兴趣点。因此，本书既可作为高等院校环境艺术设计专业的教材，也可作为室内设计从业人员的参考用书。